海底沉积物声学特性
测量技术与应用

刘保华　阚光明　李官保　于盛齐等　著

科学出版社

北京

内 容 简 介

本书主要介绍海底沉积物声学特性的测量技术及其在海底沉积物声学特性调查中的应用情况。全书共分为两篇，上篇为海底沉积物地声属性测量技术及应用，主要包括海底沉积物地声属性预测模型、海底沉积物地声属性取样测量技术、海底沉积物地声属性原位测量设备介绍、液压式海底沉积声学原位测量系统、地声反演技术以及海底沉积物地声属性测量技术应用。下篇为海底声散射特性测量技术及应用，主要包括海底声散射强度测量方法、海底声散射测量仪器设备以及海底声散射测量技术应用。本书大部分内容是作者近几年的研究成果，同时也参考了其他文献中的相关内容。

本书可供海洋声学、海洋地球物理、海洋地质、物理海洋等相关专业的研究人员，以及海洋测绘、水下目标探测、水声通信、海洋军事环境保障和海洋工程勘察等领域的广大技术人员阅读和参考；也可作为高等院校和科研院所水声学、海洋地质、海洋地球物理学、海洋技术、军事海洋学等专业的本科生及研究生的教材和参考书。

图书在版编目(CIP)数据

海底沉积物声学特性测量技术与应用 / 刘保华等著. —北京：科学出版社，2019.10
　ISBN 978-7-03-062700-1

Ⅰ.①海…　Ⅱ.①刘…　Ⅲ.①海洋沉积物–声学测量–研究　Ⅳ.①P736.21

中国版本图书馆 CIP 数据核字（2019）第 223018 号

责任编辑：周　杰　王勤勤 / 责任校对：樊雅琼
责任印制：肖　兴 / 封面设计：无极书装

斜　学　出　版　社 出版

北京东黄城根北街 16 号
邮政编码：100717
http://www.sciencep.com

三河市春园印刷有限公司 印刷
科学出版社发行　各地新华书店经销

＊

2019 年 10 月第 一 版　开本：787×1092　1/16
2019 年 10 月第一次印刷　印张：12
字数：300 000

定价：138.00 元
（如有印装质量问题，我社负责调换）

前　言

在人们迄今所知道的各种能量形式中，声波在海洋中的传播性能最好，可以用于远距离探测与信息传输。海底是海洋声学、海洋地质学和海洋地球物理学等学科共同关注的对象，大部分海底之上覆盖有一层未固结的沉积物。海底沉积物声学特性及其时空分布与变化规律是影响声波在海洋中传播特性和规律的重要因素，相关研究在海洋声学、军事海洋学、海洋地质学和海洋地球物理学等学科领域均具有重要的科学研究意义与实际应用价值。

海底沉积物声学特性的精确测量和获取是开展海底沉积物声学特性相关研究的关键。国外非常重视海底沉积物声学特性测量技术，特别是原位测量技术的研发和应用，已研制出多种测量方式的海底沉积物声学特性测量设备，并在SAX99、SAX04和TREX13等综合实验中得到广泛应用。早期我国科学家采用相对比较简单的仪器在实验室对海底沉积物样品的地声属性参数进行了测量，并基于测量数据开展了卓有成效的研究。近几年，通过科研人员的不断努力，海底沉积物样品实验室取样测量技术也在不断发展。"十一五"以来，我国海底沉积物地声属性原位测量技术发展进入快车道，我国科学家已研制出多台/套具有自主知识产权的海底沉积物地声属性原位测量设备，部分设备在海底沉积物声学特性调查中得到广泛应用。笔者所带领的团队近十年来在海底沉积物地声属性原位测量技术和海底中频声散射测量技术研发以及海底沉积物声学特性调查、声学特性与物理力学性质关系模型研究等基础研究方面做了大量工作，也形成了一批科研成果。对相关技术和研究成果进行凝练和总结，为我国相关研究人员提供一套系统性和实用性较强的参考资料是非常重要也是非常必要的，这也是撰写本书的初衷。

考虑到海底沉积物地声属性和海底声散射特性在测量技术以及与海底环境参数关系研究等方面相对比较独立，本书分为两篇：上篇主要介绍海底沉积物地声属性测量技术及应用，主要包括海底沉积物地声属性预测模型、海底沉积物地声属性取样测量技术、海底沉积物地声属性原位测量设备介绍、液压式海底沉积声学原位测量系统、地声反演技术以及海底沉积物地声属性测量技术应用等。下篇主要介绍海底声散射特性测量技术及应用，主要包括海底声散射强度测量方法、海底声散射测量仪器设备以及海底声散射测量技术应用等。

本书是多位作者共同努力的成果，其中第1章由孟祥梅、阚光明执笔，第2章和第3章由阚光明、王景强执笔，第4章由孟祥梅、王景强执笔，第5章由阚光明、李官保、韩国忠执笔，第6章由张晓波执笔，第7章由阚光明、孟祥梅、王景强、郑杰文执笔，第8章由刘保华执笔，第9章由刘保华、于盛齐执笔，第10章由于盛齐、阚光明、杨志国执笔。

孟祥梅对全书进行了统编和核对，刘保华、阚光明对全书进行了统稿和审定。

本书涉及的研究工作得到了国家自然科学基金项目"海洋界面宽频声散射特性及模型研究"（41330965）、"海底沉积物中低频 500Hz～25kHz 地声模型及频散特性研究"（41676055）、"海洋界面中频声散射特性测量系统研制"（41527809），国家海洋公益性行业科研专项项目"我国近海海底沉积声学调查与评价体系研究"（200805008）、"海底底质声学特性现场测量系统产品化及深海应用示范"（201405032），国家高技术研究发展计划项目"海底沉积物声学原位探测的动力学方法及技术研究"（2008AA09Z301）的联合资助。相关研究工作得到了同济大学、山东省科学院海洋仪器仪表研究所、山东拓普液压气动有限公司、中国科学院声学研究所、中国科学院南海海洋研究所、西北工业大学、中国科学院声学研究所东海站、中国科学院海洋研究所等合作单位的大力支持，刘敬喜教授级高工、梁军汀副研究员、祁国梁副教授、彭朝晖研究员为本书相关章节的编写提出了宝贵的意见和建议，在此深表感谢。

尽管我们秉承臻于至善的精神认真编写本书，但由于笔者水平有限，书中难免存在不足之处，恳请广大读者和有关专家批评指正。

刘保华

2019 年 7 月 16 日

目　　录

上篇　海底沉积物地声属性测量技术及应用

下篇　海底声散射特性测量技术及应用

上篇

海底沉积物地声属性测量技术及应用

|第1章|　海底沉积物地声属性基本概念及研究现状

1.1　海底沉积物地声属性参数

海底沉积物地声属性参数是用于描述声波在海底沉积物中传播特性的重要参数，也是用于描述海底沉积物声波传播理论及由这些理论所导出的声学模型所必需的参数。海底沉积物地声属性参数主要包括声速、声速比、声衰减系数、声衰减因子、剪切波速度、剪切波衰减系数、声阻抗、声阻抗指数等。

1.1.1　声速和声衰减系数

声速为某一频率的声波（压缩波）在海底沉积物中传播时的相速度，单位为 m/s。声速比为海底沉积物的声速与近海底上覆海水的声速之比。

声衰减为某一频率的声波在海底沉积物中传播时的声能减小。作为海底沉积物地声属性参数的声衰减是指声波在沉积物传播时的固有衰减，不包含扩散衰减。常用声衰减系数来描述海底沉积物中的声衰减。声衰减系数为声波（压缩波）在海底沉积物中传播时，声波能量在单位距离上衰减的分贝数，单位为 dB/m。声衰减因子为声衰减系数与声波频率（单位为 kHz）之比，单位为 dB/(m·kHz)。

1.1.2　剪切波速度和剪切波衰减系数

剪切波速度为某一频率的剪切波（横波）在海底沉积物中传播时的相速度，单位为 m/s。剪切波衰减系数为某一频率的剪切波（横波）在海底沉积物中传播时，剪切波能量在单位距离上衰减的分贝数，单位为 dB/m。在未固结的浅层海底沉积物中，剪切波速度要比声速小得多，而剪切波衰减系数要比声衰减系数大得多。

1.1.3　声阻抗

声阻抗为沉积物密度和声速的乘积，单位为 kg/(m²·s)。声阻抗指数为声速比和沉积物密度的乘积，可用来解释声阻抗对孔隙水温度、压力和盐度的依赖关系。

1.1.4 与地声属性关系密切的物理力学性质参数

（1）沉积物类型

一般将沉积物分为硅质碎屑沉积物（由 SiO$_2$ 组成）和碳酸盐沉积物（也称钙质沉积物）两大类，这种分类方法同时给出了沉积物的物源和矿物学特性。由石英砂粒和黏土矿物等颗粒组成的硅质碎屑沉积物主要由远距离搬运来的硅质岩石分解形成，碳酸盐沉积物主要由贝壳和珊瑚礁原地分解形成的方解石和文石颗粒组成。硅质碎屑沉积物和碳酸盐沉积物物理性质差异非常大。碳酸盐沉积物多由脆弱的、形状不规则的、多孔或空心的颗粒组成。因此，对于一种给定平均粒径的沉积物来说，由于颗粒内部和颗粒之间孔隙的存在，碳酸盐沉积物具有更高的孔隙度，这一特性对沉积物地声属性（如密度、声速、声衰减、声阻抗）具有重要影响。

根据不同的国家和行业标准，沉积物类型还可以被进一步细分。例如，《海洋调查规范 第8部分：海洋地质地球物理调查》（GB/T 12763.8—2007）依据粒度分析结果将沉积物分为砂、粉砂质砂、砂质粉砂、粉砂、黏土质粉砂、粉砂质黏土、黏土、砂质黏土、黏土质砂、砂–粉砂–黏土等类型（图1-1）。对于深海沉积物，采用三角图分类法，分为钙质黏土、硅质黏土、钙质软泥、硅质软泥等共计26种沉积物类型。《岩土工程勘察规范[2009年版]》（GB 50021—2001）依据粒度分析结果将砂质沉积物分为砾砂、粗砂、中砂、细砂和粉砂，同时依据塑性指数将颗粒较细的沉积物分为粉土、粉质黏土、黏土等。不同类型的沉积物粒度组成不同，从而导致其物理性质差异及地声属性不同。

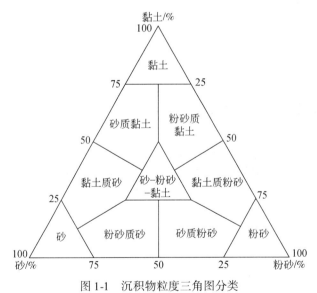

图1-1 沉积物粒度三角图分类

资料来源：《海洋调查规范 第8部分：海洋地质地球物理调查》

（2）沉积物物理性质参数

体密度：单位体积沉积物的质量，等于沉积物总质量除以沉积物总体积，单位为 kg/m³。

含水量：表示沉积物中孔隙水的含量，等于沉积物中孔隙水的质量除以固体部分的质量，通常采用一个百分比来表示，单位为%。

孔隙比：为沉积物中孔隙水的体积与固体部分的体积之比，为无量纲参数。

孔隙度：等于沉积物中孔隙的体积除以沉积物总体积，通常采用一个百分比来表示，即单位为%。

分数孔隙度：为沉积物中孔隙的体积与沉积物总体积之比，也就是以分数形式（或小数形式）表示的孔隙度，为无量纲参数。

渗透率：沉积物允许流体通过的性质称为渗透性。在一定压差下，沉积物允许流体通过的能力称为渗透率，渗透率用来表示渗透性的大小。渗透率是压力梯度为 1 时，动力黏滞系数为 1 的流体在沉积物中的渗透速度，单位为 m²。渗透率大小与孔隙度、液体渗透方向上孔隙的几何形状、颗粒大小及排列方向等因素有关，而与在沉积物中运动的流体性质无关。

曲折度：用来描述和表征孔隙形状的一个参数，其定义为沿孔隙骨架壁的最大连续路径长度与直线路径长度比值的平方。曲折度可根据高分辨率孔隙结构图像或孔隙大小分布计算得到，当孔隙为球形时，曲折度可通过与分数孔隙度近似关系计算得到。

孔隙大小：指的是当声波通过时流体流经的平行通道或裂隙的大小。孔隙大小可通过曲折度、渗透率和流体黏度等参数近似关系计算得到。

粒径：组成沉积物的颗粒的大小称为粒径。颗粒粒径通常以 mm 为单位或以 2 为底的对数形式来表示，即 $\phi = -\log_2 d$，d 是以 mm 为单位的颗粒粒径。海洋地质研究中，粒级分类采用 Udden-Wentworth（尤登–温德华氏）等比制 ϕ 值粒级标准，土的粗细常用中值粒径 φ_{50} 和平均粒径 M_z 表示。中值粒径 φ_{50} 指土中大于此粒径和小于此粒径的土的含量均占 50%；平均粒径 M_z 一般采用式（1-1）所示的公式计算得到：

$$M_z = \frac{\varphi_{16} + \varphi_{50} + \varphi_{84}}{3} \tag{1-1}$$

式中，φ_{16}、φ_{50}、φ_{84} 为概率累积曲线上百分数 16、50、84 所对应的粒径，单位为 mm。通过公式 $\phi = -\log_2 d$ 可将以 mm 为单位表示的平均粒径换算成以 ϕ 值表示的平均粒径。

黏性沉积物（细粒沉积物）的稠度：稠度是指沉积物的软硬程度或沉积物对由外力引起的变形或破坏的抵抗能力，实际上是反映沉积物中水的形态。沉积物从某种状态进入另一种状态的分界含水量称为沉积物的特征含水量，或称为稠度界限。液性界限简称液限，相当于沉积物从塑性状态转变为液性状态时的含水量。塑性界限简称塑限，相当于沉积物从半固体状态转变为塑性状态时的含水量。

（3）沉积物颗粒性质参数

颗粒密度：组成沉积物的颗粒的密度称为颗粒密度，颗粒密度可通过重量–体积方法测定。

颗粒体积模量：组成沉积物的颗粒的体积模量称为颗粒体积模量。沉积物的颗粒动态体积模量通常可根据组成该沉积物颗粒的结晶矿物的体积模量计算得到，采用的计算方法通常包括 Voigt-Reuss-Hill、加权的 Hashin-Shtrikman 或 Kroner 近似值均值法等（Jackson and Richardson，2007）。

（4）孔隙水性质参数

孔隙水密度：孔隙水通常被假定为与上覆海水具有相同的密度，其密度可根据温度、盐度和水深由克努森（Knudsen）水文表，联合国教育、科学及文化组织海洋学常用表和标准联合专家小组在 1980 年所采用的多项式回归公式（Fofonoff and Millard，1983）或 Feistel（2003）提出的吉布斯（Gibbs）热力学势函数计算得到。

孔隙水黏度：是指孔隙水对流动所表现出的阻力。在已知水温、盐度和压力的情况下，可根据经验公式计算海水黏度。

1.2 海底沉积物地声属性主要测量技术

海底沉积物地声属性主要测量技术分三种，即取样测量技术、原位测量技术和地声反演技术。取样测量技术和原位测量技术属于海底沉积物地声属性的直接测量技术，地声反演技术属于海底沉积物地声属性的间接测量技术。

1.2.1 取样测量技术

海底沉积物地声属性取样测量技术首先是采用取样设备获取海底沉积物柱状样品，然后在实验室内测量声波（或剪切波）在一定长度的海底沉积物柱状样品中的传播时间，进而计算其声速（或剪切波速度），并通过测量在该距离上的声波（或剪切波）能量衰减，确定其衰减系数。地声属性取样测量方法具有仪器设备简单、操作方便等优点，很长时间内一直是海底沉积物地声属性测量的主要方法。但在取样、运输、保存和测试过程中，海底沉积物样品会受到未知程度的扰动，内部结构势必发生变化，从而影响声学性质的测量结果，而有限的样品尺寸也会限制样品低频声学性质的测量。

1.2.2 原位测量技术

海底沉积物地声属性原位测量技术是将安装有声学换能器（包括发射换能器和接收换能器）的海底沉积物地声属性原位测量设备直接放至海底，通过液压驱动、设备自重俯冲、旋转钻入等方式将声学换能器贯入沉积物。发射换能器发射的某一频率的声波（或剪切波）信号在沉积物中传播，然后被接收换能器接收，根据记录到的声波（或剪切波）信号的旅行时和振幅确定其传播速度和衰减系数。原位测量技术避免了沉积物所处的温度、压力等周围环境变化以及样品扰动引起的测量误差，测量结果相对更为准确可靠。

1.2.3 地声反演技术

海底沉积物地声反演技术是针对一个假设的海底模型，在给定某些模型参数（如声速、密度、声衰减系数）初始值的条件下，基于特定的理论关系式（即数学模型）计算出与海底相互作用后的声场理论预测，然后基于反演优化方法对模型参数进行迭代更新，使理论预测声场与实测声场误差最小，由此获取所期望的海底沉积物模型参数。

1.3 海底沉积物声波传播理论和模型

对于海底沉积物地声属性研究来说，理论和模型的概念并不完全相同。沉积物声波传播理论是指沉积物内由声波激励引起的应力和应变所满足的波动方程与边界条件。例如，如果将未固结的海底浅表层沉积物看作一种流体，则两层流体介质界面处（即海底与上覆海水的界面）的波动方程以及压力和位移边界条件就构成了一种称为流体理论的海底沉积物声波传播理论。除流体理论外，弹性理论和多孔弹性理论（双相介质弹性理论）也可以描述海底沉积物传播。三种海底沉积物声波传播理论分别将沉积物看作单相流体、单相弹性固体和双相（或多相）弹性介质。流体理论将海底沉积物看作一种与海水类似的、不能承载剪切波传播的单相流体；弹性理论将海底沉积物看作一种既可以承载压缩波（声波）传播，又可以承载剪切波传播的单相弹性固体。多孔弹性理论将海底沉积物看作一种由固体骨架和孔隙流体组成的双相弹性介质（相对于饱和沉积物）。当海底沉积物有气泡时，将处于不饱和状态，此时为由固体骨架、海水和气泡组成的三相介质（Jackson and Richardson，2007）。

海底沉积物地声属性预测模型（简称地声模型）是海底沉积物声波传播理论的具体化，一般是指将某种传播理论和某些边界条件相结合，建立的用于海底沉积物地声属性预测的计算公式。用于海底沉积物地声属性研究的主要模型包括流体模型、弹性模型、Wood 模型、Gassmann 模型、Biot-Stoll 模型、EDF（effective density fluid）模型、BISQ（Biot-Squirt）模型、GS（grain-shearing）模型等。流体模型和弹性模型分别对应于流体理论和弹性理论，主要表征单相介质的声学特性，其中流体模型将海底沉积物看作单相流体，弹性模型将海底沉积物看作单相弹性固体。除流体模型和弹性模型外，其余的模型均将海底沉积物看作由固体骨架（固体颗粒）和孔隙流体组成的多孔弹性介质（双相弹性介质）。因为对固体骨架（固体颗粒）和孔隙流体在声波激励条件下的受力状态与质点位移的描述不同，不同多孔弹性模型（双相弹性介质模型）之间存在差异。

1.4 海底沉积物地声属性测量技术国内外现状及发展趋势

海底沉积物地声属性取样测量技术具有仪器设备操作简单方便等优点，所以早期的海底沉积物地声属性研究的数据主要来源于沉积物样品地声属性的取样测量。20 世纪 60 年代，美国海军发明了一种脉冲技术，用于沉积物岩芯的声速测量（Abernethy，1965；Winokur and Chanesman，1966；Jackson and Richardson，2007），所谓脉冲技术主要是指测量仪器产生一定宽度的脉冲信号来驱动超声换能器发射声波，接收换能器接收在沉积物中传播后的声波信号，然后进行放大、滤波和记录，从而进行样品声速的测量和计算。

Abernethy（1965）在采用脉冲技术进行沉积物样品声速测量时，还设计出用于夹持换能器和样品的测量平台，利用该平台可较为准确地测量样品长波。随后，Richardson（1986）对脉冲技术进行了改进，设计了可用于沉积物柱状样品横向地声属性测量的装置。科学家使用这些测量技术和仪器所开展的沉积物地声属性参数测量为早期的海底沉积物声学特性研究提供了基础数据库。英国 GEOTEK 公司研制了一种用于沉积物样品实验室测量的多传感器岩芯综合测试（multi-sensor core logger，MSCL）系统，在其众多测量参数中包含声速和声衰减系数两个声学参数。多传感器岩芯综合测试系统的声学特性测量采用横向测量方式，需要采用装满蒸馏水的样品管进行声速校准，校准要求封装蒸馏水的样品管的壁厚和直径与封装样品的样品管完全相同，校准的精度对声学测量精度影响较大（Gunn and Best，1998；Best and Gunn，1999）。国内研究人员主要使用集成化的数字声波仪或非金属声波检测仪进行沉积物柱状样品的声学性质实验室测量，这类仪器通常将信号发生器、功率放大器、信号采集器等集成在一起，并配备相关频率的超声波换能器，形成一套可完成声波发射和接收以及数据采集和存储的声波测试系统。自 20 世纪 80 年代以来，国内研究人员使用不同型号、不同厂家生产的集成化的数字声波仪进行海底沉积物地声属性测量，积累了大量的数据，开展了我国近海及远海大洋的海底沉积物地声属性以及地声属性参数与物理力学性质参数关系模型等研究（卢博和梁元博，1993，1994；卢博等，2005，2006；卢博和刘强，2008；邹大鹏等，2009，2012a，2012b，2014；阚光明等，2014a，2014b）。为了进一步提高沉积物样品地声属性测量的精度和工作效率，国内研究人员设计了专门的测量平台，配合集成化的数字声波仪使用，开展沉积物柱状样品地声属性的实验室测量（阚光明等，2011；Han et al.，2012）。但这种集成化的数字声波仪最初主要用于工程勘察领域的桩基检测，功能相对较为简单，一般只能发射方波脉冲，在用于浅层海底沉积物样品地声属性测量时具有很大的局限性。最近几年，国内研究人员研发了专门用于海底沉积物地声属性取样测量的仪器，仪器可产生指定频率和周期个数的窄频正弦波，具有与换能器阻抗特性相匹配的信号放大电路，提高了测量精度。目前，国内相关研究单位正在开展模拟海底原位压力和温度环境下的样品地声属性实验室测量的研究工作。

20 世纪中期，美国科学家开始尝试开展海底沉积物地声属性的原位测量。早期，科学家主要使用安装有声学换能器的专用声学探针，借助深潜器或潜水员在浅海水域进行沉积物地声属性原位测量。例如，20 世纪 60 年代，Shumway（1960）、Hamilton 等（1956）、Hamilton（1963）在圣迭戈（San Diego）海域首次尝试利用专门设计的声学探针进行海底沉积物声学参数原位测量，主要测量声速及声衰减系数。90 年代，国外的海底沉积物声学测量技术进入快速发展阶段，美国、英国、法国等相继研制出多种类型的用于海底沉积物地声属性参数测量的原位设备，比较具代表性的有声学长矛（acoustic lance）、原位沉积声学测量系统（in-situ sediment acoustic measurement system，ISSAMS）、沉积物声学和物理性质测量仪（sediment acoustic and physical properties apparatus，SAPPA）、原位声速与衰减测量探针（in-situ sound speed and attenuation probe，ISSAP）、声衰减阵（attenuation array）和沉积物声速测量系统（sediment acoustic-speed measurement system，SAMS）（Fu et al.，1996；Richardson and Briggs，1996；Best et al.，1998；Buckingham and Richardson，

2002；Thorsos et al., 2001；Kraft et al., 2002；Hefner et al., 2009；Yang and Tang, 2017）。90 年代以来，美国海军相继实施了 SAX99（Sediment Acoustic Experiment-1999）、SAX04（Sediment Acoustic Experiment-2004）和 TREX13（Target and Reverberation Experiment 2013）等一系列与海底声学有关的综合实验。海底沉积物地声属性原位测量设备（如原位沉积声学测量系统、声衰减阵、沉积物声速测量系统）在上述实验中得到广泛应用，有力地促进了海底沉积物地声属性原位测量技术的发展，并提高了对海底沉积物地声属性认知和研究水平（Thorsos et al., 2001；Williams et al., 2002a；Yang and Tang, 2017）。特别是沉积物声速测量系统，在 TREX13 实验中，研究人员采用该系统开展了 2~8kHz 中低频段的海底沉积物地声属性原位测量，代表了原位测量今后的发展趋势（Yang and Tang, 2017）。

国内海底沉积物地声属性的测量和研究工作开始于 20 世纪后期。国内研究人员借助在海洋地质调查中所获得的海底沉积物样品，在实验室采用集成化的数字声波仪和超声换能器开展了沉积物声学特性的测量，测量频率一般为 50~500kHz，常用频率为 100kHz。自"十一五"以来，我国开始了海底沉积物地声属性原位测量技术的研发和测量设备的研制工作。之后，国家海洋公益性行业科研专项经费项目又进一步支持了原位测量技术的深入研究，原位测量技术取得了长足进步。在 2009~2010 年，国家海洋局第一海洋研究所（现为自然资源部第一海洋研究所）在南黄海组织了专门的海底沉积物地声属性调查航次，在示范调查区按照比例尺布设了 300 余个站位，开展了沉积物声学特性取样测量和原位测量以及声学特性要素分布规律和地声属性参数预测模型等相关研究。至今，我国已经形成了以液压式海底沉积声学原位测量系统（hydraulic driving in-situ sediment acoustic measurement system, HISAMS）、海底底质声学参数原位测量系统（in-situ marine sediment acoustic measurement system, ISMSAMS）、多频海底声学原位测试系统（multi-frequency in-situ marine sediment geoacoustic measurement system, MFIMSGMS）和压载式海底沉积声学原位测量系统（ballast in-situ sediment acoustic measurement system, BISAMS）为代表的具有自主知识产权的海底沉积物地声属性原位测量设备（陶春辉等，2006；郭常升，2009；阚光明等，2010；侯正瑜，2015；Wang et al., 2018a）。液压式海底沉积声学原位测量系统和压载式海底沉积声学原位测量系统目前已具备 6000m 水深的深海工作能力，在多个海洋声学调查航次中得到了广泛应用。通过近几年的快速发展，我国的海底沉积物地声属性原位测量技术与国际技术的差距逐步缩小，特别是在设备的深海工作性能方面，国内设备已优于国外，但在测量频率上，这几年国外更注重 1~10kHz 中频段原位测量技术的发展，国内目前在中低频的海底沉积物地声属性原位测量设备还处在试验阶段。中低频段原位测量技术应该成为我国今后海底沉积物地声属性原位测量技术研发努力的方向。另外，国外的某些海底沉积声学原位测量设备具有剪切波原位测量的功能（如原位沉积声学测量系统、沉积物声学和物理性质测量仪），目前国内的海底沉积声学原位测量设备均不具备剪切波原位测量的功能，海底沉积物剪切波原位测量还处在试验阶段。因此，开发同时具备海底沉积物纵波（声波）特性原位测量和剪切波特性原位测量以及某些物理性质原位测量功能的海底沉积物地声属性原位测量技术和设备，是今后技术发展的重要趋势。

第 2 章 海底沉积物地声属性预测模型

本章简要介绍用于海底沉积物地声属性预测和表征的主要模型，包括流体模型、弹性模型、Wood 模型、Gassmann 模型、Biot-Stoll 模型、EDF 模型、BISQ 模型、GS 模型，同时对各海底沉积物地声属性预测模型进行讨论，重点介绍各模型的声学特性参数计算公式以及公式中各物理参数的含义，对其推导过程不做详细介绍。

2.1 流 体 模 型

海水是一种流体，海底沉积物有时呈现出流塑状态，所以研究人员早期将海底沉积物简化为单相流体，用单相流体模型来描述海底沉积物的声学特性（Kuo，1964）。术语"流体"具有严格的定义，即假定沉积物中由声波激励产生的应力可以由一个压力场和相应的波动方程（声波方程）充分描述。矢量形式的声波方程为

$$\rho \frac{\partial \vec{P}}{\partial t^2} = K \ \nabla^2 \vec{P} \tag{2-1}$$

则基于流体模型的海底沉积物声速计算公式为

$$c_p = \sqrt{K/\rho} \tag{2-2}$$

式中，$\vec{P}$ 为声压场矢量；$\nabla^2 = \frac{\partial}{\partial x^2} + \frac{\partial}{\partial y^2} + \frac{\partial}{\partial z^2}$，为拉普拉斯算符；$\rho$ 为沉积物体密度；t 为声波传播时间；K 为体积弹性模量；下标 p 为纵波，即声波。

2.2 弹 性 模 型

海底沉积物与真正的流体并不完全相同，一般能够承受一定的静态剪切应力。在海底沉积物中不仅可以传播压缩波（声波），也可以传播剪切波。因此，应用弹性波理论进行海底声传播特性研究是符合逻辑的。在未固结的浅表层沉积物中声波传播速度一般为 1450～1850m/s，而剪切波传播速度要低得多，一般为 5～200m/s。本章所探讨的单相介质弹性模型假设海底沉积物是近似各向同性的，此时，完全弹性介质矢量形式的波动方程为

$$\rho \frac{\partial^2 \vec{u}}{\partial t^2} = \mu \ \nabla^2 \vec{u} + (\lambda + \mu) \ \nabla (\ \nabla \cdot \vec{u}) \tag{2-3}$$

则基于弹性模型的海底沉积物声速计算公式为

$$c_p = \sqrt{(K + 4/3\mu) \ /\rho} \tag{2-4}$$

基于弹性模型的海底沉积物剪切波速度计算公式为

$$c_s = \sqrt{\mu / \rho} \qquad (2\text{-}5)$$

式中，$\vec{u}$ 为位移矢量；∇^2 为拉普拉斯算符，且 $\nabla = \frac{\partial}{\partial x}\vec{i} + \frac{\partial}{\partial y}\vec{j} + \frac{\partial}{\partial z}\vec{k}$，为梯度算符；$\lambda$ 为拉梅系数；μ 为剪切弹性模量；K 为体积弹性模量，$K = \frac{3\lambda + 2\mu}{3}$；下标 p 为声波，s 为剪切波。

式（2-3）~式（2-5）应用于单相介质是没有问题的，但是当所讨论的介质是由固体骨架和孔隙流体组成的双相介质时，应用式（2-3）~式（2-5）来研究海底沉积物波场特征就会带来误差。一般来说，固相介质（固体骨架或固体颗粒）中的应力与流体中的应力不完全相同，介质的密度也可分为固相密度和流相密度，而且固相骨架中的应力不仅会引起骨架本身的变形，还会引起流体的变形，即耦合问题。当变形引起的固体骨架和孔隙流体的运动不同步时，即孔隙流体和固体骨架之间存在相对运动时，黏滞力将会损耗一部分弹性能量。另外，当孔隙流体的运动方向与产生加速度的压力梯度方向不相同时，从宏观效果上看，相当于孔隙流体的质量密度有所增加。这些原因使弹性波在含流体的多孔弹性介质（双相介质）中的传播问题显得非常复杂。因此，研究人员开始将海底沉积物看作由固体骨架和骨架间孔隙流体构成的双相介质，采用双相介质弹性理论研究海底沉积物中声波传播特性。

2.3 Wood 模型

Wood 模型适用条件为沉积物单元体足够大，使其能够包含大量沉积物颗粒，但沉积物单元体又远小于声波波长。在该条件下，沉积物单元体可以用等效密度和等效体积模量进行描述（Wood and Weston，1964）。

等效密度 ρ_{eff} 可表示为

$$\rho_{eff} = \beta \rho_w + (1-\beta) \rho_g \qquad (2\text{-}6)$$

当将海底沉积物看作由固体骨架和骨架间孔隙流体构成的双相介质时，式（2-6）表示的等效密度 ρ_{eff} 为沉积物体密度。

等效体积模量 K_{eff} 可表示为

$$\frac{1}{K_{eff}} = \frac{\beta}{K_w} + \frac{(1-\beta)}{K_g} \qquad (2\text{-}7)$$

则声速 c_p 可表示为

$$c_p = \sqrt{\frac{K_{eff}}{\rho_{eff}}} \qquad (2\text{-}8)$$

式中，β 为采用分数形式表示的沉积物孔隙度，即分数孔隙度；ρ_g 为沉积物颗粒密度；ρ_w 为海水密度；K_g 为沉积物颗粒体积模量；K_w 为孔隙流体（海水）体积模量。

虽然 Wood 模型将海底沉积物看作由固体骨架和骨架间孔隙流体构成的双相介质，但其忽略了海底沉积物中颗粒–孔隙水系统的动力学过程，没有考虑沉积物颗粒相互接触而产生的力，同时也忽略了惯性力和流体黏滞力，尤其在高频声学领域，这两种力是非常重要的（Jackson and Richardson，2007）。

2.4　Gassmann 模型

Gassmann 模型由 Gassmann 于 1951 年提出（Gassmann，1951）。Gassmann 模型同时考虑了沉积物颗粒骨架弹性模量、孔隙流体弹性模量、沉积物颗粒体积模量等对声速的贡献，是对 Wood 模型的推广和改进（Berryman，1999）。

基于 Gassmann 模型的海底沉积物声速计算公式为

$$K_{\text{eff}} = K_g \frac{K_b + Q'}{K_g + Q'} \tag{2-9}$$

$$Q' = K_w \frac{K_g - K_b}{\beta \ (K_g - K_w)} \tag{2-10}$$

$$c_p = \sqrt{\frac{K_{\text{eff}}}{\rho}} \tag{2-11}$$

$$\rho = \rho_{\text{eff}} = \beta \rho_w + (1 - \beta) \rho_g \tag{2-12}$$

式中，K_b 为排水后沉积物骨架体积模量；ρ 为沉积物体密度，其他参数与 Wood 模型参数相同。Gassmann 模型没有考虑沉积物骨架与海水的相对运动，适用于渗透系数较小的泥质沉积物的声速预测（Stoll and Bautista，1998）。

2.5　Biot-Stoll 模型

海底沉积物是由沉积物颗粒和海水组成的双相介质，因此，可以将适用于双相介质声传播研究的 Biot-Stoll 模型应用于海底沉积物声学特性的表征（Biot，1956a，1956b，1962a，1962b；Stoll and Bryan，1970；Stoll，1977，1985，1989，1995；Stoll and Kan，1981）。对于海底沉积物来说，颗粒构成骨架，颗粒和颗粒的接触提供一定程度的刚度，海水构成孔隙流体。与单相介质弹性理论相比，双相介质弹性理论中的流体相对于骨架的运动提供了额外的自由度。这一额外的自由度表现为纵波分裂为两种波，快纵波（即所谓的声波）和慢纵波。Biot-Stoll 模型很好地描述了声波在双相介质中的传播特性，其认为双相介质存在较大速度频散和声衰减的主要原因在于在声波激励下双相介质中的流体相对于固体发生了相对位移。Biot-Stoll 模型最少需要 13 个参数来表征各向同性介质的本构关系，Biot-Stoll 模型的多孔弹性理论矢量形式的波动方程为

$$\mu \ \nabla^2 \vec{u} + (\mu + \lambda_c) \ \nabla (\nabla \cdot \vec{u}) + \alpha M \ \nabla (\nabla \cdot \vec{w}) = \rho \frac{\partial^2 \vec{u}}{\partial t^2} + \rho_w \frac{\partial^2 \vec{w}}{\partial t^2} \tag{2-13a}$$

$$\alpha M \ \nabla (\nabla \cdot \vec{u}) + M \ \nabla (\nabla \cdot \vec{w}) = \rho_w \frac{\partial^2 \vec{u}}{\partial t^2} + m \frac{\partial^2 \vec{w}}{\partial t^2} + \frac{\eta}{\kappa} \frac{\partial \vec{w}}{\partial t} \tag{2-13b}$$

式中，$\vec{u}$ 为固体位移矢量；$\vec{w}$ 为流体相对于固体位移矢量；∇^2 为拉普拉斯算符；∇ 为梯度算符；$\nabla \cdot \vec{u} = \frac{\partial u_x}{\partial x} + \frac{\partial u_y}{\partial y} + \frac{\partial u_z}{\partial z}$，$\nabla \cdot \vec{w} = \frac{\partial w_x}{\partial x} + \frac{\partial w_y}{\partial y} + \frac{\partial w_z}{\partial z}$，为位移矢量的散度；$\lambda_c$ 为沉积物拉梅

系数；μ 为沉积物剪切模量，等于沉积物骨架的剪切模量；ρ 为沉积物体密度；ρ_w 为孔隙水的密度，二者关系见式 (2-6)；α 和 M 为双相介质波动方程的系数，$\alpha = 1 - \dfrac{K_b}{K_g}$，$M$ 的计算公式见式 (2-27) 和式 (2-28)；m 为有效流体密度，计算公式见式 (2-30)；η 和 κ 分别为流体的动态黏度和动态渗透率。式 (2-13) 所描述的波动方程一般适用于角频率小于特征角频率的波场，Biot-Stoll 模型特征角频率 (ω_c) 计算公式为

$$\omega_c = \frac{\eta\beta}{\kappa\rho_w} \tag{2-14}$$

为了使 Biot-Stoll 模型适用于更高的频率段 (大于特征频率)，式 (2-13) 中引入高频校正因子 F 后变为

$$\mu \nabla^2 \vec{u} + (\mu + \lambda_c) \nabla(\nabla \cdot \vec{u}) + \alpha M \nabla(\nabla \cdot \vec{w}) = \rho \frac{\partial^2 \vec{u}}{\partial t^2} + \rho_w \frac{\partial^2 \vec{w}}{\partial t^2} \tag{2-15a}$$

$$\alpha M \nabla(\nabla \cdot \vec{u}) + M \nabla(\nabla \cdot \vec{w}) = \rho_w \frac{\partial^2 \vec{u}}{\partial t^2} + m \frac{\partial^2 \vec{w}}{\partial t^2} + \frac{F\eta}{\kappa} \frac{\partial \vec{w}}{\partial t} \tag{2-15b}$$

式中，F 为高频校正因子，用来校正当频率增加时孔隙流体运动偏离泊肃叶 (Poiseuille) 流体的偏差。F 的计算公式为

$$F(\chi) = \frac{\dfrac{\chi}{4} T(\chi)}{1 - \dfrac{2i}{\chi} T(\chi)} \tag{2-16}$$

其中，

$$T(\chi) = \frac{(-\sqrt{i}) J_1(\chi\sqrt{i})}{J_0(\chi\sqrt{i})} \tag{2-17}$$

$$\chi = r \sqrt{\frac{\omega\rho_w}{\eta}} \tag{2-18}$$

式中，J_1 和 J_0 分别为一阶和零阶贝塞尔 (Bessel) 函数；参数 r 为介质孔隙大小，即海底沉积物的孔隙半径，孔隙半径的计算公式为 (Johnson et al., 1987；Turgut, 2000；Williams et al., 2002a)：

$$r = \sqrt{\frac{8\Gamma\kappa}{\eta}} \tag{2-19}$$

式中，Γ 为沉积物孔隙曲折度，当孔隙为球形时，曲折度 Γ 与沉积物分数孔隙度 β 有如下近似关系 (Berryman, 1980)：

$$\Gamma = 1 - (1 - 1/\beta)/2 \tag{2-20}$$

基于 Biot-Stoll 模型的海底沉积物声速和声衰减系数计算公式为

$$c_p = \text{MAX}\left[\frac{1}{\text{Re}(\sqrt{Y_1})}, \frac{1}{\text{Re}(\sqrt{Y_2})}\right] \tag{2-21}$$

$$\alpha_p = 8.686 \times \text{MIN}\left[\omega\text{Im}(\sqrt{Y_1}), \omega\text{Im}(\sqrt{Y_2})\right] \tag{2-22}$$

$$(Y_1,\ Y_2) = \frac{-B \pm \sqrt{B^2 - 4EG}}{2E} \tag{2-23}$$

式中，c_p 和 α_p 分别为沉积物声速和声衰减系数；MAX( ) 和 MIN( ) 分别为最大值和最小值；Re( ) 和 Im( ) 分别为复数的实部和虚部；ω 为角频率；Y_1 和 Y_2 为求解 Boit-Stoll 模型波动方程的平面波解时所给出的系数行列式二次方程的解；B、E、G 为系数行列式二次方程的系数，其计算公式分别为

$$B = M\rho + H\left(\frac{\Gamma\rho_w}{\beta} + \mathrm{i}\,\frac{F\eta}{w\kappa}\right) - 2\rho_w C \tag{2-24}$$

$$E = C^2 - HM \tag{2-25}$$

$$G = \rho_w^2 - \rho\left(\frac{\Gamma\rho_w}{\beta} + \mathrm{i}\,\frac{F\eta}{w\kappa}\right) \tag{2-26}$$

$$M = \frac{K_g^2}{K_g\left[1 + \beta\left(\frac{K_g}{K_w} - 1\right)\right] - K_b} \tag{2-27}$$

$$C = \alpha M = \frac{K_g\ (K_g - K_b)}{K_g\left[1 + \beta\left(\frac{K_g}{K_w} - 1\right)\right] - K_b} \tag{2-28}$$

$$H = \lambda_c + 2\mu = \frac{(K_g - K_b)^2}{K_g\left[1 + \beta\left(\frac{K_g}{K_w} - 1\right)\right] - K_b} + K_b + \frac{4\mu}{3} \tag{2-29}$$

$$m = \frac{\Gamma\rho_w}{\beta} \tag{2-30}$$

式中，ρ 为沉积物体密度，$\rho = \beta\rho_w + (1-\beta)\rho_g$；$\beta$ 为沉积物分数孔隙度；ρ_g 为沉积物颗粒密度；ρ_w 为海水密度；K_g 为沉积物颗粒体积模量；K_w 为孔隙流体（海水）体积模量；K_b 为排水后沉积物骨架体积模量；i 为复数的虚部，$\mathrm{i} = \sqrt{-1}$。

2.6　EDF 模型

Williams 于 2002 年提出 EDF 模型，并指出海底沉积物骨架体积模量和剪切模量相对于颗粒体积模量和流体模量来说非常小，可以设置为 0（Williams，2001），即 $K_b = \mu = 0$。此时，沉积物声速可用等效体积模量和等效密度来计算。

基于 EDF 模型的海底沉积物声速和衰减系数计算公式为

$$c_p = \mathrm{Re}(Y) \tag{2-31}$$

$$\alpha_p = 8.686 \times \omega \times \mathrm{Im}(Y) \tag{2-32}$$

$$Y = \sqrt{\frac{K_{eff}}{\rho_{eff}}} \tag{2-33}$$

式中，c_p 和 α_p 分别为沉积物声速和声衰减系数；Re( ) 和 Im( ) 分别为复数的实部和虚部；ω 为角频率；K_{eff} 和 ρ_{eff} 分别为等效体积模量和等效密度，计算公式为

$$K_{\text{eff}} = H = C = M = \left[\frac{1-\beta}{K_g} + \frac{\beta}{K_w} \right]^{-1} \quad (2\text{-}34)$$

$$\rho_{\text{eff}} = \rho_w \left[\frac{\alpha\,(1-\beta)\,\rho_g + \beta\,(\alpha-1)\,\rho_w + \dfrac{\mathrm{i}\beta\rho F\eta}{\rho_w \omega\kappa}}{\beta\,(1-\beta)\,\rho_g + (\alpha-2\beta+\beta^2)\,\rho_w + \dfrac{\mathrm{i}\beta F\eta}{\omega\kappa}} \right] \quad (2\text{-}35)$$

式（2-34）和式（2-35）中，除等效体积模量 K_{eff} 和等效密度 ρ_{eff} 外，其他参数含义与 Biot-Stoll 模型相同，是对 Biot-Stoll 模型的一种简化。

2.7 BISQ 模型

Biot-Stoll 模型所描述的流体相对于固体骨架的运动是一种宏观的相对流动，并且 Biot-Stoll 模型假定流体相对流动方向与波的传播方向一致（或相反）。但在自然界实际介质中，声波激励导致骨架形变，从而引起孔隙流体的流动，但这种流动并不完全沿着波的传播方向发生，流体流动的方向主要取决于孔隙的形状和连通情况，有时可能与波的传播方向斜交甚至垂直。将 Biot-Stoll 模型所假定的与波的传播方向平行的宏观流动称为 Biot 流动，将细小孔隙中流体向邻近粗大孔隙挤出所形成的相对流动称为喷射流动（Squit 流动）。Mavko 和 Nur（1975，1979）、Murphy 等（1986）、Wang 和 Nur（1990）提出喷射流机制，认为进出微裂隙的局部流动是双相介质更高衰减和速度频散的主要原因。Biot 流动和喷射流动是含流体多孔介质（即双相介质）中流体-固体相互作用的两种重要力学机制。Biot 流动描述的是孔隙中流体的宏观流动，喷射流动理论（或纹间喷射流动理论）是基于单个孔隙中或是基于一个固体颗粒接触点处流体流动的力学机理而建立的，具有局部性。长期以来，孔隙介质中的 Biot 流动和喷射流动两种机制被分开单独处理，但实际上弹性波在多孔双相介质中传播时，这两种机制同时存在。Dvorkin 和 Nur（1993，1995）、Dvorkin 和 Hoeksema（1994）将这两种流体-固体相互作用的力学机制有机结合起来，提出了 Biot-Squit（BISQ）模型。

基于 BISQ 模型矢量形式的波动方程为

$$\mu\,\nabla^2 \vec{u} + \left(\lambda_b + \mu + \frac{\alpha^2 F_{BS} S}{\beta} \right) \nabla(\nabla \cdot \vec{u}) + \frac{\alpha F_{BS} S}{\beta} \nabla(\nabla \cdot \vec{w}) = \rho \frac{\partial^2 \vec{u}}{\partial t^2} + \rho_w \frac{\partial^2 \vec{w}}{\partial t^2} \quad (2\text{-}36a)$$

$$\frac{\alpha F_{BS} S}{\beta} \nabla(\nabla \cdot \vec{u}) + \frac{F_{BS} S}{\beta} \nabla(\nabla \cdot \vec{w}) = \rho_w \frac{\partial^2 \vec{u}}{\partial t^2} + m \frac{\partial^2 \vec{w}}{\partial t^2} + \frac{\eta}{\kappa} \frac{\partial \vec{w}}{\partial t} \quad (2\text{-}36b)$$

式（2-36）为基于 BISQ 模型的双相各向同性介质矢量形式的波动方程。式中，λ_b 为骨架拉梅系数；μ 为双相介质剪切模量，其等于骨架剪切模量 μ_b；F_{BS} 为 Biot 流动系数，$F_{BS} = \left(\frac{1}{K_w} + \frac{\alpha-\beta}{\beta K_g} \right)^{-1}$，$\alpha = 1 - \frac{K_b}{K_g}$；$S$ 为喷射流动系数，$S = 1 - \frac{2J_1(\xi R)}{\xi R J_0(\xi R)}$，其中 R 为特征喷流长度；J_0 和 J_1 分别为零阶和一阶贝塞尔函数；ξ 为中间变量，其表达式见式（2-44）；其余参数与 Biot-Stoll 模型矢量波动方程相同。

BISQ 模型给出的声速和声衰减系数分别为

$$c_p = \text{MAX}\left[\frac{1}{\text{Re}\left(\sqrt{Y_1}\right)}, \frac{1}{\text{Re}\left(\sqrt{Y_2}\right)}\right] \tag{2-37}$$

$$\alpha_p = 8.686 \times \text{MIN}\left[\omega \text{Im}(Y_1), \omega \text{Im}(Y_2)\right] \tag{2-38}$$

$$(Y_1, Y_2) = -\frac{B}{2A} \pm \sqrt{\left(\frac{B}{2A}\right)^2 - \frac{C}{A}} \tag{2-39}$$

式中，c_p 和 α_p 分别为沉积物声速和声衰减系数；MAX( ) 和 MIN( ) 分别为最大值和最小值；Re( ) 和 Im( ) 分别为复数的实部和虚部；ω 为角频率；Y_1 和 Y_2 为求解 BISQ 模型波动方程的平面波解时所给出的系数行列式二次方程的解；A、B、C 为系数行列式二次方程的系数，其计算公式为

$$A = \frac{\beta F_{sq} M_b}{\rho_2^2} \tag{2-40}$$

$$B = \frac{F_{sq}\left(2\zeta - \beta - \beta\frac{\rho_1}{\rho_2}\right) - \left(M_{dry} + F_{sq}\frac{\zeta^2}{\beta}\right)\left(1 + \frac{\rho_a}{\rho_2} + i\frac{\omega_c}{\omega}\right)}{\rho_2} \tag{2-41}$$

$$C = \frac{\rho_1}{\rho_2} + \left(1 + \frac{\rho_1}{\rho_2}\right)\left(\frac{\rho_a}{\rho_2} + i\frac{\omega_c}{\omega}\right) \tag{2-42}$$

$$F_{sq} = F_{BS} S \tag{2-43}$$

$$\xi^2 = \frac{\rho_w \omega^2}{F_{BS}}\left(\frac{\beta + \rho_a/\rho_w}{\beta} + i\frac{\omega_c}{\omega}\right) \tag{2-44}$$

$$\rho_1 = (1-\beta)\rho_g \tag{2-45}$$

$$\rho_2 = \beta\rho_w \tag{2-46}$$

$$\rho_a = (\Gamma - 1)\beta\rho_w \tag{2-47}$$

$$\omega_c = \frac{\eta\beta}{\kappa\rho_w} \tag{2-48}$$

$$\xi = 1 - \frac{K_b}{K_g} \tag{2-49}$$

$$\frac{1}{F_{BS}} = \frac{1}{K_b} + \frac{1}{\beta K_g}\left(1 - \beta - \frac{K_b}{K_g}\right) \tag{2-50}$$

式中，ω 为角频率（$\omega = 2\pi f$，f 为以 Hz 为单位的声波频率）；ω_c 为 Biot-Stoll 模量特征角频率；β 为沉积物分数孔隙度；κ 为渗透率；η 为孔隙流体的黏滞系数；ρ_g 和 ρ_w 分别为固体颗粒和孔隙流体的密度；K_g 为固体颗粒的体积模量；K_b 为干燥骨架的体积模量；M_b 为单轴应变模量；Γ 为沉积物的孔隙曲折度。以上所有输入量均有明确的物理意义，且大多数可以通过实验直接测量或计算获得。i 为复数的虚部，$i = \sqrt{-1}$。

干燥骨架的体积模量（K_b）和单轴应变模量（M_b）可由 Gassmann 模型近似计算，具体计算方法为：将实测的某一频率的饱和沉积物的声速（c_p）和剪切波速度（c_s）以及沉积物体密度（ρ）和分数孔隙度（β）代入式（2-51）~ 式（2-55）。

$$\frac{K_b}{K_g - K_b} = \frac{K_{sat}}{K_g - K_{sat}} - \frac{K_w}{\beta(K_g - K_w)} \tag{2-51}$$

$$\mu_b = \mu_{sat} \tag{2-52}$$

$$M_b = K_b + 4/3\mu_b \tag{2-53}$$

其中，

$$\mu_{sat} = c_s^2 \rho \tag{2-54}$$

$$K_{sat} = c_p^2 \rho - 4/3\mu_{sat} \tag{2-55}$$

渗透率表示在一定压差下沉积物允许液体通过的能力，其与压差呈正相关关系，而与液体的黏滞系数呈负相关关系。基于达西定律和科泽尼–卡尔曼（Kozeny-Carman）方程，Hovem 和 Ingram（1979）得出均匀颗粒形成的介质的渗透率：

$$\kappa = \frac{d^2 \beta^3}{36B(1-\beta)^2} \tag{2-56}$$

式中，d 和 β 分别为沉积物的粒径和分数孔隙度；B 为包含孔隙形状和弯曲因子的参数，对于通常所涉及的球状颗粒沉积物，其取值为 5。

孔隙曲折度为描述孔隙几何形状和空间旋转及孔喉连通性的物理量，尽管其值可实验测量，但其数值变化范围不大，故采用公式 $\Gamma = 1 - \frac{1}{2}\left(1 - \frac{1}{\beta}\right)$ 计算。

对于喷射流长度 R，迄今尚未发现其数值与其他沉积物或孔隙流体性质有相关关系，因此无法通过理论或经验公式计算其近似值。Marketos 和 Best（2010）给出了喷射流长度的参考取值范围，为 $10^{-7} \sim 1\mathrm{m}$。

2.8　GS 模型

Buckingham（1997，1998，2000，2005）提出的 GS 模型以颗粒间相互作用为基础，假设沉积物颗粒间存在一种类似于黏滞作用的力。在微观层面上，GS 模型假设沉积物颗粒相互接触，但并没有相互胶结，沉积物体积框架模量和剪切模量都为 0。沉积物的刚度是由颗粒间相互滑动而产生的，刚度支持了剪切波的存在。因此，在沉积物接触点存在两种类型的剪切运动，即平动剪切和扭转剪切，这种剪切运动被 Buckingham（1997）称为黏滑机制。

基于 GS 模型的海底沉积物声速和声衰减系数计算公式为

$$c_p = \frac{c_{wood}}{\mathrm{Re}\left[1 + \dfrac{\gamma_p + \dfrac{4}{3}\gamma_s}{\rho c_{wood}^2}(\mathrm{i}\omega T)^n\right]^{-\frac{1}{2}}} \tag{2-57}$$

$$\alpha_p = -\frac{\omega}{c_{wood}}\mathrm{Im}\left[1 + \frac{\gamma_p + \dfrac{4}{3}\gamma_s}{\rho c_{wood}^2}(\mathrm{i}\omega T)^n\right]^{-\frac{1}{2}} \tag{2-58}$$

基于 GS 模型的海底沉积物剪切波速度和衰减系数计算公式为

$$c_s = \sqrt{\frac{\gamma_s}{\rho}}\frac{(\omega T)^{\frac{n}{2}}}{\cos\left(\dfrac{n\pi}{4}\right)} \tag{2-59}$$

$$\alpha_s = \omega \sqrt{\frac{\rho}{\gamma_s}} (\omega T)^{-\frac{n}{2}} \sin\left(\frac{n\pi}{4}\right) \tag{2-60}$$

式中，i 为复数的虚部，$i = \sqrt{-1}$；ω 为角频率；T 为任意一个时间变量，可以设置为 $T = 1s$，主要用来避免频率 f 为分数指数时的量纲问题；ρ 为根据式（2-6）计算得到的沉积物等效密度；c_{wood} 为采用 Wood 模型的声速计算公式 [式（2-8）] 计算得到的沉积物声速。

GS 模型中其余三个常量，即纵波刚度系数 γ_p、剪切刚度系数 γ_s、应变硬化指数 I_n，这三个常量可用来描述黏滑机制，主要表征在声波激励下颗粒间的剪切作用。与弹性理论的拉梅系数相类似，纵波刚度系数 γ_p 和剪切刚度系数 γ_s 分别与介质的体积模型和剪切模量有关。在 GS 模型目前发展的阶段，还不能由沉积物微观属性推断出上述三个参数的数值。作为一种替代方法，可以将野外测量获得的某几个频率的沉积物声速、声衰减系数、剪切波速度以及沉积物分数孔隙度和平均粒径等参数代入 GS 模型，调整纵波刚度系数 γ_p、剪切刚度系数 γ_s、应变硬化指数 I_n，使声速、声衰减系数、剪切波速度的实测值与模型预测值达到最佳拟合，从而估算上述三个参数的数值。Buckingham（1997）给出了 γ_p 和 γ_s 的简单的计算公式，如下：

$$\gamma_p = \gamma_{p0} \left[\frac{(1-\beta)}{(1-\beta_0)} \frac{u_g d}{u_{g0} d_0} \right]^{\frac{1}{3}} \tag{2-61}$$

$$\gamma_s = \gamma_{s0} \left[\frac{(1-\beta)}{(1-\beta_0 u_{g0} d_0)} \frac{u_g d}{} \right]^{\frac{2}{3}} \tag{2-62}$$

式中，β、u_g、d 分别为沉积物分数孔隙度、沉积物粒径（μm）、沉积物埋深（m）；β_0、u_{g0}、d_0 分别为沉积物分数孔隙度、沉积物粒径（μm）、沉积物埋深（m）的参考值，目的是避免当式（2-61）和式（2-62）中括号内的参量的指数为分数时出现量纲不匹配问题。Buckingham（1997）给出的参考取值为 $\beta_0 = 0.37$、$u_{g0} = 1000 \mu m$、$d_0 = 0.3m$。γ_{p0} 和 γ_{s0} 分别为压缩和剪切系数，Buckingham（1997）根据他所讨论的数据和模型拟合效果，给出了一组 γ_{p0} 和 γ_{s0} 的取值。实际应用过程中，根据数据和模型的拟合来确定 γ_{p0} 和 γ_{s0} 的取值还是必要的。

第3章 海底沉积物地声属性取样测量技术

海底沉积物地声属性取样测量技术是指使用重力取样器或箱式取样器从海底采集沉积物样品，然后在实验室对柱状样品的地声属性参数进行测量。取样测量技术一般采用透射法，测量的参数主要包括声速、声衰减系数、剪切波速度、剪切波衰减系数等。基于上述参数，通过进一步计算，可以获得声速比、声衰减因子、声阻抗等参数。海底沉积物地声属性取样测量技术具有仪器设备简单、操作方便、测量环境可控等优点，且地声属性测量完成后，样品还可以用于物理力学性质的测量，可进一步获取沉积物物理力学性质参数，为地声属性与物理力学性质相关关系研究提供了基础数据。因此，海底沉积物地声属性取样测量一直是沉积物地声属性测量的重要方法。

3.1 声速和声衰减系数的取样测量技术

沉积物柱状样品声速和声衰减系数取样测量方法可分为纵向测量和横向测量两种方式，其测量原理如图 3-1 所示。纵向测量方式是将发射换能器和接收换能器固定于沉积物柱状样品的顶部和底部两端，换能器与沉积物直接接触，发射换能器发射的声波在沉积物中沿纵向传播，然后被接收换能器接收。根据样品的长度和声波传播的时间差与振幅差来计算沉积物声速和声衰减系数。相对于沉积物在海底的赋存状态，该种方式是测量声波在沉积物中垂向（纵向）传播的声速和声衰减系数，因此称为纵向测量法。横向测量方式是将发射换能器和接收换能器紧贴于内部封存有沉积物柱状样品的样品管壁外侧，发射换能器发射的声波首先穿过管壁，然后在沉积物中沿横向传播，最后被接收换能器接收。根据

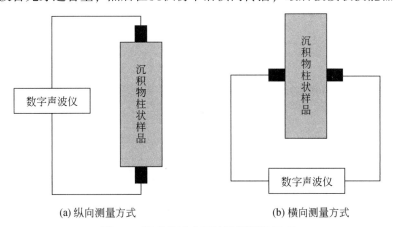

(a) 纵向测量方式　　　　　　　　(b) 横向测量方式

图 3-1　沉积物地声属性取样测量原理

样品的粗细和声波传播的时间差与振幅差来计算沉积物声速和声衰减系数。相对于沉积物在海底的赋存状态，该种方式是测量声波在沉积物中横向传播的声速和声衰减系数，因此称为横向测量法。采用横向测量方式时，需要采用装满蒸馏水的同型号的样品管对声速和声衰减测量进行标定。横向测量法收发间距较小，一般要求测量频率较高。

3.1.1　纵向测量法

采用纵向测量方式的海底沉积物声速通常采用如下公式计算：

$$c_{\mathrm{p}} = \frac{L}{t - t_0} \tag{3-1}$$

式中，c_{p} 为沉积物样品声速（m/s）；L 为沉积物样品长度（m）；t 为声波在沉积物中的传播时间（s）；t_0 为零声时修正值（s）。由式（3-1）可以看出，样品长度和声波在沉积物中的传播时间的精确测量是海底沉积物样品声速准确测量的关键。

相对于声速，声衰减的测量方法相对更为复杂。为尽量减小测量误差，声衰减测量应注意如下三点：①确保声波信号传播的同轴性，即发射换能器和接收换能器保持在同一中心轴线上；②尽可能消除换能器与沉积物样品接触耦合的差异性所引起的测量误差；③换能器性能应具有很好的一致性。研究人员常采用同轴差距测量法来测量海底沉积物样品的声衰减系数，其原理如图 3-2 所示。具体方法为采用图 3-1（a）所示的纵向测量方式对样品进行长度不同的两次测量，第一次测量时的样品长度记为 L_1；第一次测量结束后，把样品截短（长度记为 L_2），然后再进行一次测量，分别记录两次测量的声波振幅，进而采用式（3-2）计算海底沉积物声衰减系数

$$\alpha_{\mathrm{p}} = 20 \frac{\lg (A_2/A_1)}{L_1 - L_2} \tag{3-2}$$

式中，α_{p} 为沉积物声衰减系数（dB/m）；A_1 和 A_2 分别为样品长度为 L_1 和 L_2 时接收到的声波信号的振幅。

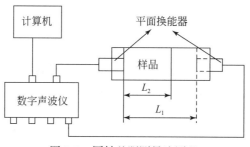

图 3-2　同轴差距测量法原理

资料来源：邹大鹏等（2009）

为尽可能地使发射换能器和接收换能器保持在同一中心轴线，并能够准确测量沉积物柱状样品的长度，本书作者设计出一种海底沉积物柱状样品声速和声衰减系数取样测量平

台（图3-3）。测量平台包括底座、横向导轨、横向丝杠、纵向丝杠、可移动夹持支架、横向手轮、纵向手轮等。通过横向手轮转动横向丝杠带动可移动夹持支架沿横向导轨移动，进而改变两个换能器之间的距离，从而适应不同长度的沉积物柱状样品的测量。通过纵向手轮调节换能器可移动夹持支架的高度，使平台能够适用于不同直径的沉积物柱状样品，并使发射换能器和接收换能器保持在同一轴线上。不同尺寸、不同频率的换能器可在该装置上非常方便地安装和拆卸，提高了测量效率；而且该装置通过测距传感器精确测量样品长度，保证测量精度。

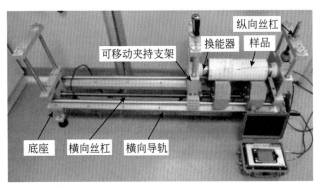

图 3-3　海底沉积物柱状样品声速和声衰减系数取样测量平台

在采用同轴差距测量法测量沉积物衰减系数时，要保证两次测量的仪器接收通道具有相同增益，若测量时设置的增益不同，在采用式（3-2）计算声衰减系数时声波信号振幅要归算到相同增益。另外，纵向测量法所使用的发射换能器和接收换能器通常为圆形活塞换能器，其发射的声波波场在测量样品长度的距离范围内严格意义上并不完全均匀。为了精确测量海底沉积物声衰减系数（即沉积物固有衰减），通常在水中对接收到的声波振幅进行校正，此时的海底沉积物声衰减系数计算公式为

$$\alpha_{p} = 20\,\frac{\lg(A_{s2}/A_{s1}) - \lg(A_{w2}/A_{w1})}{L_1 - L_2} \tag{3-3}$$

式中，A_{s1} 和 A_{s2} 分别为长度是 L_1 和 L_2 的样品管充满沉积物时接收到的沉积物中传播的声波信号振幅；A_{w1} 和 A_{w2} 分别为长度是 L_1 和 L_2 的样品管（规格与封装样品的样品管完全相同）充满蒸馏水时接收到的水中传播的声波信号振幅。此种校正的假设条件为在 L_1 和 L_2 长度范围内，声波在蒸馏水中的吸收衰减可忽略不计。采用同轴差距测量法也可以测量沉积物声速，计算公式为

$$c_{p} = \frac{L_1 - L_2}{t_1 - t_2} = \frac{\Delta L}{\Delta t_s} \tag{3-4}$$

式中，t_1 和 t_2 分别为样品长度是 L_1 和 L_2 时的声波传播时间。同轴差距测量法测量声速为一种相对测量方法，可以不必测量仪器的零声时 t_0。

采用同轴差距测量法虽然较好地保证了发射换能器和接收换能器之间的同轴性，但测量过程中需要多次拆卸和安装发射换能器与接收换能器。每次拆卸操作所导致的换能器与沉积物样品接触耦合的差异性，会给声衰减测量带来较大误差。为减小耦合误差，刘强等

（2007）采用如图 3-4 所示的单探针同轴差距测量法测量海底柱状沉积物声衰减。单探针同轴差距测量法采用一个探针式接收换能器和一个平面接收换能器共同接收发射换能器发射的声波，根据两个接收换能器接收到的声波振幅来计算声衰减系数。单探针同轴差距测量法可减少换能器拆装次数，从而减少沉积物与换能器耦合差异性所产生的衰减测量误差。但探针式接收换能器和平面接收换能器的接收灵敏度与指向性往往不同，所以对声波的接收性能也不同。因此，需要对探针式接收换能器和平面接收换能器的接收性能进行一致性校正。

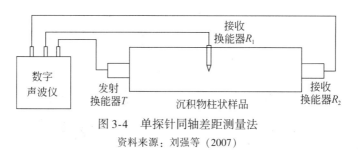

图 3-4　单探针同轴差距测量法

资料来源：刘强等（2007）

　　为更好解决采用同轴差距测量法测量声衰减时的接收换能器一致性问题，Wang 等（2018b）采用双探针同轴差距测量法对沉积物声速和声衰减系数进行了测量。双探针同轴差距测量法将性能相同的两个宽频探针式接收换能器贯入沉积物样品中，平面发射换能器紧贴在柱状样品的一端（图 3-5）。平面发射换能器发射的声波在沉积物柱状样品中传播不同的距离后分别被两个宽频探针式换能器接收，根据接收到的声波信号的振幅差，可以计算声波在被测沉积物柱状样品中传播时的声衰减。在整个测量过程中，两个宽频探针一直插在沉积物中，并与样品保持良好耦合，减少了传统同轴差距测量法声衰减测量过程中因频繁更换换能器导致的换能器与沉积物之间耦合差异性所带来的测量误差。两个宽频探针式接收换能器的接收性能相同，因此，双探针同轴差距测量法不需要对探针式接收换能器和平面接收换能器的接收一致性进行校正。

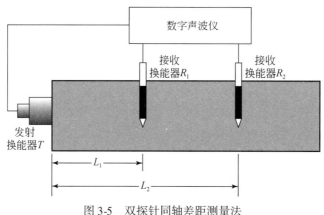

图 3-5　双探针同轴差距测量法

资料来源：Wang 等（2018b）

3.1.2 横向测量法

采用横向测量方式的海底沉积物声速通常采用如下公式计算：

$$c_{\mathrm{p}} = \frac{c_{\mathrm{w}}}{1 - c_{\mathrm{w}} \Delta t / d} \tag{3-5}$$

$$\alpha_{\mathrm{p}} = \frac{20}{d} \lg\left(\frac{A_{\mathrm{w}}}{A_{\mathrm{s}}}\right) \tag{3-6}$$

式中，c_{p} 为沉积物声速（m/s）；c_{w} 为蒸馏水声速（m/s）；Δt 为样品管充满水和充满样品两种情况下测量的声时差（s）；d 为样品管的内径（m）；A_{w} 和 A_{s} 分别为样品管充满水和充满样品两种情况下换能器接收到的声波振幅。

图 3-6 为基于横向测量法的海底沉积物柱状样品地声属性测量仪器，Richardson（1986）使用该仪器测量了海底沉积物柱状样品横向声速和声衰减系数。测量所使用的换能器频率为 400kHz，为保持与样品管的良好耦合，换能器密封在油囊中。发射换能器和接收换能器间距保持固定，根据声波在沉积物和蒸馏水中的旅行时间差与样品管的内径计算沉积物的声速，利用声波穿透沉积物和蒸馏水后的振幅差与样品管的内径计算声衰减系数，计算公式分别见式（3-5）和式（3-6）。该仪器可在垂直方向以 1cm 的间隔对沉积物柱状样品的声速和声衰减系数进行测量，获得不同深度位置的地声属性数据。另外，多传感器岩芯综合测试系统等仪器设备上所带的纵波换能器也可用来测量海底沉积物柱状样品横向声速（Weaver and Schultheiss，1990；Gunn and Best，1998；Best and Gunn，1999），测量方法与 Richardson（1986）类似，如图 3-7 所示。

图 3-6　沉积物柱状样品地声属性测量仪器
资料来源：Richardson（1986）

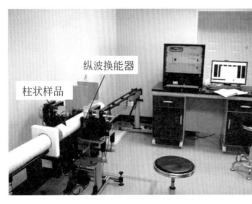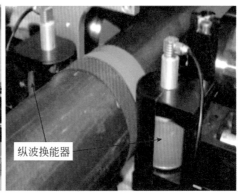

(a) 系统   (b) 换能器位置局部放大

图 3-7   多传感器岩芯综合测试系统

英国 GEOTEK 公司研制的多传感器岩芯综合测试系统可以对沉积物样品的密度、磁化率、电阻率、声速和声衰减系数等物理性质参数进行自动扫描测量。声速和声衰减系数采用横向测量方式，纵波换能器外包裹的油囊与柱状样品管的外壁紧密接触（图 3-7）。以装满水的样品管作为标准来确定声波穿过样品管壁的时间和延迟等，确保获取精确的沉积物纵波声速。测量过程中，沉积物柱状样品可以在测试平台上按指定间距步进式自动移动，从而可以获得整段沉积物柱状样品不同深度位置的地声属性剖面。Best 等（2001）利用多传感器岩芯综合测试系统对爱尔兰内伊湖的沉积物进行了 200～800kHz 高频测试，并与原位低频（200～1500Hz）声学遥测结果进行了对比，结果表明高频声速大于低频声速。Endler 等（2015）利用改进的多传感器岩芯综合测试系统对取自波罗的海的沉积物样品进行了地声属性的测量，测试频率为 230kHz，基于测量数据建立了声速和物理性质的相关关系。

Sun 等（2019）设计出一种带有恒温水槽的沉积物柱状样品地声属性测量装置。该装置采用横向测量法对沉积物柱状样品的声学性质进行测量，装置主要包括底座、换能器夹持支架、升降导轨、恒温水槽、信号发生器、功率放大器、数字声波仪等（图 3-8）。该装置将换能器通过夹持支架安装于升降导轨上，通过旋转升降手轮带动换能器沿垂直轨道升降，可以实现对沉积物柱状样品不同深度位置的声速和声衰减系数的测量。测量过程中，将沉积物柱状样品垂直放置在底座上，换能器紧贴沉积物样品管外壁，将沉积物柱状样品和图 3-8（b）所示的整个测试平台一起放置在恒温水槽内。

该装置的主要优点在于：①利用沉积物中信号和水中信号的相关法计算时差，可减少初至波起跳点人工拾取不准带来的误差；②采用水作为耦合介质，避免了换能器与沉积物直接接触所产生的耦合不一致问题，从而减少声衰减系数计算结果的离散性；③采用恒温水槽，保证所有样品测试处在同一温度环境，减少因温度变化对样品地声属性测量的影响；④可以沿垂向定距调节换能器位置，从而获取沉积物声学特性的垂向剖面。

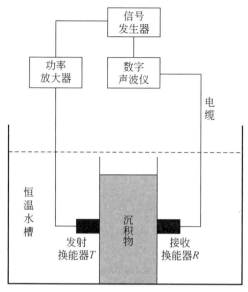

(a) 测量原理图　　　　　　　　　　(b) 测量平台

图 3-8　带有恒温水槽的沉积物柱状样品地声属性测量装置

资料来源：Sun 等（2019）

3.2　剪切波速度和衰减系数取样测量技术

沉积物剪切波速度实验室测量技术方法种类繁多，主要包括共振柱测量技术、使用石英晶体传感器的脉冲技术、压电陶瓷剪切板或径向膨胀传感器测量技术、扭转共振柱测量技术、扭转循环载荷测量技术及弯曲元测量技术等。

目前，实验室中沉积物样品剪切波性质测量使用较多的是弯曲元测量技术和共振柱测量技术。采用英国 GDS 仪器设备有限公司生产的弯曲元剪切波测试系统（bender element system，BES）对样品剪切波速度进行测试的原理如图 3-9 所示。该系统采用两个压电陶瓷弯曲元换能器发射和接收剪切波，每个弯曲元换能器安装有由紧密黏结的两片或多片压电陶瓷晶片组成的弯曲元晶片，弯曲元晶片一端固定，另一端可自由振动，形成悬臂结构（阚光明等，2014b）。当弯曲元晶片通电后，悬臂端弯曲变形；反之，当弯曲元晶片受力发生弯曲时，将产生电流，从而发射和接收剪切波信号［图 3-9（a）］。在实验室测量剪切波速度时，弯曲元晶片的悬臂端被贯入沉积物样品中。当一端的弯曲元通电而产生剪切运动时，带动周围的沉积物产生左右运动的位移。这种运动以波的形式通过沉积物这一介质传播，到达另一端时，对端的弯曲元晶片因周围沉积物的运动而产生弯曲变形，从而产生电信号，该电信号被仪器采集和存储［图 3-9（b）］。然后，根据剪切波在沉积物中的传播时间和沉积物样品的长度计算沉积物的剪切波速度。沉积物剪切波速度计算公式为

$$c_s = \frac{h}{t - t_0} \tag{3-7}$$

式中，c_s 为剪切波速度（m/s）；h 为测试样品的有效高度（m），即减去弯曲元晶片贯入样品的深度后的高度；t 为剪切波传播时间（s），即激发和接收信号的初至时间差；t_0 为剪切波测量系统的零声时。

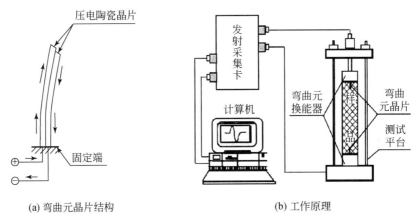

(a) 弯曲元晶片结构   (b) 工作原理

图 3-9 沉积物样品剪切波特性测量弯曲元技术的工作原理

资料来源：阚光明等（2014b）

海底沉积物样品剪切波衰减系数测量可以采用图 3-2 所示的同轴差距测量法，对相同样品分两次进行不同长度的剪切波测量，然后根据振幅差来计算剪切波衰减系数，计算公式见式（3-8），但海底沉积物剪切波通常衰减严重，所以剪切波衰减系数实验室测量非常困难。

$$\alpha_s = 20 \frac{\lg(A_2/A_1)}{L_1 - L_2} \tag{3-8}$$

在使用弯曲元剪切波测试系统对沉积物样品剪切波速度进行测量时，首先将样品截取成直径约为 4cm（与弯曲元换能器直径相当）、高约为 10cm 的圆柱试样。将弯曲元换能器分别固定在专用的测试平台上［图 3-9（b）］，样品放置在两个换能器之间，保证弯曲元换能器与样品良好耦合，且发射晶片与接收晶片保持平行（不能交叉或垂直放置）。样品长度可使用千分之一游标卡尺进行测量。

沉积物样品剪切波特性共振柱测量技术的工作原理如图 3-10 所示。柱状沉积物样品底端固定，在样品的顶端附加一个集中质量块（m），并通过该质量块对样品施加水平扭转振动。当样品顶端受到施加的周期荷载而处于强迫振动时，这种振动将由柱体顶端以波动形式沿柱体向下传播，使整个样品柱体处于振动状态。通过在样品上加以不同频率的扭转激振力（M）顺次使样品振动，测定其共振频率（f_P）和最大剪切模量（G_{dmax}）；然后停止激振，测量自由振动的衰减曲线，测定剪切波的阻尼比（D_s）；进而可计算沉积物样品的剪切波速度和衰减系数（潘国富等，2015）。最大剪切模量 G_{dmax} 与被测沉积物样品长度 L（cm）和样品直径 d（cm）有关，具体测定方法可参考袁聚云等（2004）给出的共振柱测试方法。

采用共振柱测量技术测量沉积物样品剪切波速度的计算公式为

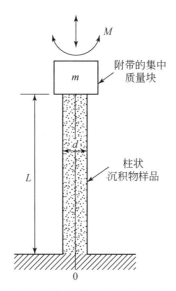

附带的集中
质量块

柱状
沉积物样品

图 3-10　沉积物样品剪切波特性共振柱测量技术的工作原理

资料来源：潘国富等（2015）

$$c_s = \sqrt{\dfrac{G_{dmax}}{\rho}} \tag{3-9}$$

当衰减不是很大时，剪切波衰减系数的计算公式为

$$\alpha_s = 8.686\pi \dfrac{f_p 2 D_s}{c_s \sqrt{1 - D_s^2}} \tag{3-10}$$

式中，c_s 为剪切波速度（m/s）；G_{dmax} 为共振频率 f_p 时的最大剪切模量（Pa）；ρ 为沉积物体密度（kg/m³）；α_s 为剪切波衰减系数（dB/m）。

3.3　数据处理方法

　　海底沉积物地声属性取样测量所记录的数据主要为接收到的声波或剪切波波形。数据处理的主要任务是根据记录的波形准确计算声波或剪切波在沉积物中的传播时间和振幅衰减，进而计算声速（或剪切波速度）和声衰减系数（或剪切波衰减系数）。传播时间计算主要有互相关法、初至法、峰-峰值法和小波变换法、短时窗-长时窗能量比法；振幅衰减计算主要有振幅包络法和频谱分析法。

3.3.1　沉积物中声波传播时间计算

（1）互相关法

　　声波在沉积物中的旅行时间差可采用互相关法确定。以某频率的信号为例，图 3-11（a）和图 3-11（b）分别为在长沉积物样品和样品截短后的短沉积物样品中接收到的声波波形。

对这两个信号进行互相关分析，其互相关谱如图 3-11（c）所示，其峰值坐标为（38.4，1），表示沉积物和水中采集的声波信号达到最佳相关，信号时延为 38.4μs，即为两个信号的旅行时间差 Δt，可根据式（3-4）计算沉积物中的声速。

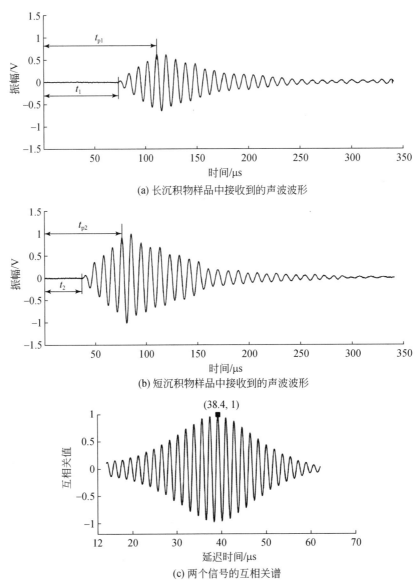

(a) 长沉积物样品中接收到的声波波形

(b) 短沉积物样品中接收到的声波波形

(c) 两个信号的互相关谱

图 3-11　水中和沉积物中接收到的声波波形及互相关谱

（2）初至法

采用初至法计算声波传播时间时，需要拾取沉积物样品接收到的声波波形初至波起跳时间。以图 3-11 所示声波信号为例，长沉积物样品和短沉积物样品初至波起跳时间分别为 t_1 和 t_2，然后根据长沉积物样品和短沉积物样品的长度 L_1 和 L_2，由式（3-1）计算样品声速；也可以根据长沉积物样品和短沉积物样品的初至波起跳时间 t_1 和 t_2，计算声波旅行时间差，则样品声速旅行时间差 Δt 可表示为

$$\Delta t = t_1 - t_2 \qquad (3-11)$$

（3）峰–峰值法

采用峰–峰值法计算声波传播时间时，需要拾取长沉积物样品和短沉积物样品中接收到的声波信号振幅包络峰值所对应的时间。以图 3-11 所示声波信号为例，长沉积物样品中接收到的声波信号振幅包络峰值所对应的时间为 t_{p1}，短沉积物样品中接收到的声波信号振幅包络峰值所对应的时间为 t_{p2}，则旅行时间差 Δt 可表示为

$$\Delta t = t_{p1} - t_{p2} \qquad (3-12)$$

（4）小波变换法

读取声波信号起跳点通常采用人工判读的方式。如图 3-12 所示，由于个人操作，人工读取起跳点会产生较大的误差。采用小波变换法提取起跳点可以避免此类误差。当穿过沉积物的声波被接收换能器接收时，声波的振幅发生突变，而振幅的突变处可以看作信号的起跳点。在动态系统中，突变很快的信号主要特征是在时间和空间上存在局部的变化。利用一维连续小波变换，可以对信号进行小波多尺度分析。发生突变的信号，变换后的细节信号具有模极大值。选择细节信号波峰明显的小波函数，检测出多个尺度上的细节信号的模极大值，根据多尺度细节信号模极大值的连线，就可以确定信号的起跳点，需要根据变化速度的快慢进行选择，充分发挥小波变换良好的局部分析功能，从而确定精确的信号起跳点。

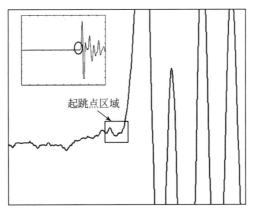

图 3-12 声波信号起跳点区域

资料来源：王景强（2015）

以测得的沉积物声波波形为例，采样间隔为 0.2μs。采用 MATLAB 软件中的小波分析工具箱进行信号的小波分析，小波函数取为 sym6，进行 7 次分解。图 3-13（a）和（b）分别为变换后的短沉积物样品和长沉积物样品的声波信号。图 3-13 中，s 表示原始声波信号，a_7 表示 7 层分解后信号的逼近信号，主要表达声波信号的低频特性。$d_1 \sim d_7$ 表示 7 层分解分别得到的细节信号，主要表达声波信号的高频特性。结合多个尺度下小波变换后的细节信

号，建立细节信号对应的模极大值点连线，模极大值点连线所对应的样点即为声波信号的起跳点。图3-13（a）模极大值连线点为1091，对应时间为218.2μs；图3-13（b）模极大值连线点为1728，对应时间为345.6μs。由此可计算出声波在长短沉积物样品中传播的时间差为 $\Delta t = 345.6 - 218.2 = 127.4 \mu s$（王景强，2015）。

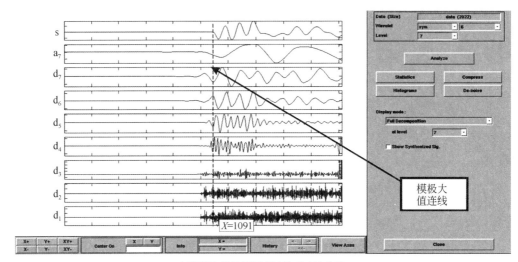

(a) 短沉积物样品测量声波信号小波变换

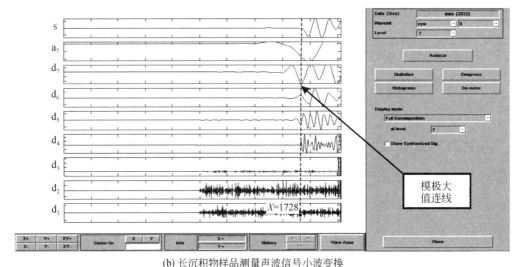

(b) 长沉积物样品测量声波信号小波变换

图3-13　小波函数分解后的声波信号

资料来源：王景强（2015）

（5）短时窗–长时窗能量比法

短时窗–长时窗能量比法是用于初至波检测的方法，它的特点是不需要进行去噪处理，而是利用噪声的振幅来提取起跳点，具体步骤如下。

设定一个短时窗（窗长一般为六个采样点），每次步进一个采样点，则以第 n 个采样

点为起点的第 m 个步进短时窗的能量为

$$S_m = \sum_{i=n}^{n+5} A_i^2 \qquad (3-13)$$

式中，A_i 为信号振幅。包含前 m 个步进短时窗的长时窗的能量平均值为

$$E_m = \frac{1}{m} \sum_{i=1}^{m} S_m \qquad (3-14)$$

短时窗与长时窗的能量比为

$$R_m = \frac{S_m}{E_m} \qquad (3-15)$$

在首波到达之前，由于噪声幅度很小，振幅相差不大，S_m 与 E_m 的值接近相等，在数值上接近于 1，表现为一条近于水平的直线。而在首波到达之后，S_m 会突然增大，而 E_m 由于滞后于 S_m，缓慢增大（图 3-14）。因而，在首波初至时间点处，R_m 表现为明显的脉冲极值，此时设置一门槛值，即可检测到首波。读取此时起跳点的位置坐标，计算出声波到时，即为接收到的初至波起跳时间（张严心，2017）。图 3-15 为起跳点提取结果。

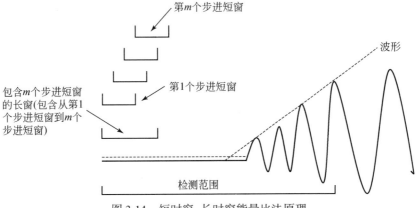

图 3-14　短时窗–长时窗能量比法原理

资料来源：胡文祥（1994）

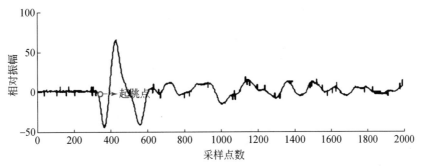

图 3-15　起跳点提取结果

资料来源：张严心（2017）

3.3.2 沉积物中声波传播振幅衰减计算

（1）振幅包络法

当声衰减测量使用窄带信号时，可采用振幅包络法来计算声衰减系数。如图 3-16 所示，分别拾取短沉积物样品和长沉积物样品的时域信号的振幅包络最大值 A_1 和 A_2，作为采用同轴差距测量法测量沉积物声衰减时接收到的沉积物中传播的声波信号幅值，根据式（3-3）来计算声衰减系数。使用式（3-3）计算声衰减系数时，水中校正信号的振幅同样采用短沉积物样品管和长沉积物样品管的时域信号的振幅包络最大值作为声波信号振幅。信号振幅包络最大值拾取是在时域开展的，未涉及信号的频率，采用振幅包络法计算得到声衰减系数实际上是整个频带的声波衰减系数，当信号为窄带信号时，采用振幅包络法计算得到声衰减系数可认为窄带信号中心频率处的声衰减系数。对于宽带信号，如果采用振幅包络法计算指定频率的声衰减系数，则首先需要采用窄带的带通滤波器对宽带信号进行数字滤波，然后基于滤波后的时域信号采用振幅包络法计算声衰减系数。

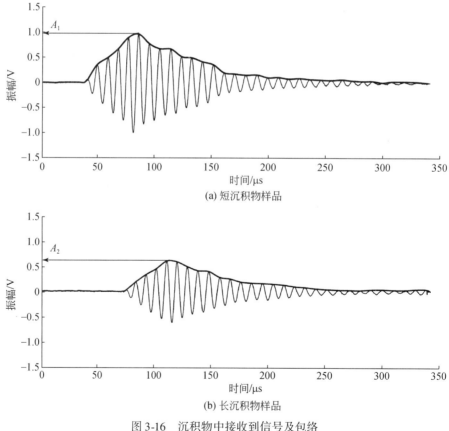

(a) 短沉积物样品

(b) 长沉积物样品

图 3-16　沉积物中接收到信号及包络

（2）频谱分析法

频谱分析法首先对短沉积物样品和长沉积物样品测量获得的时域信号进行频谱分析，获得信号的振幅谱，然后分别拾取指定频率（f_1）所对应的信号振幅 A_1 和 A_2（图 3-17），根据式（3-3）来计算声衰减系数。水中校正信号的振幅获取与沉积物中相同，对短沉积物样品管和长沉积物样品管测量获得的时域信号进行频谱分析，然后拾取指定频率处（该频率应与沉积物中测量频率相同）所对应的信号振幅。频谱分析法拾取信号振幅为指定频率所对应的信号振幅，并非振幅谱的最大值。当采用宽带信号进行沉积物声衰减系数测量时，采用频谱分析法进行数据处理和声衰减系数计算更为方便，采用一次频谱分析即可计算整个目标频率段内各频率所对应的声衰减系数。

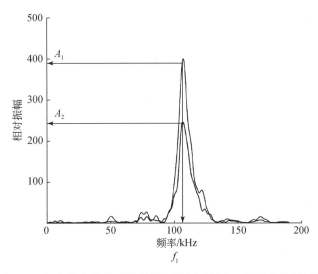

图 3-17　沉积物中接收到信号的频谱图及频率 f_1 所对应的振幅值

3.4　海底沉积物样品地声属性取样测量仪器

3.4.1　取样样品声速和声衰减系数测量仪器

海底沉积物取样样品声速和声衰减系数测量仪器主要由信号发生器、功率放大器、信号采集器、声学换能器等几部分组成。

信号发生器又称函数信号发生器、信号源或振荡器，是一种能提供各种频率、波形和输出电平的电信号的设备。信号发生器一般能够产生多种波形，如三角波、锯齿波、矩形波（含方波）、正弦波和线性调频（linear frequency modulation，LFM）波，各种波形曲线均可以用三角函数方程式来表示。海底沉积物柱状样品声学特性实验室测量中常用到矩形波、正弦波、线性调频波。受沉积物柱状样品的体积尺寸所限，样品地声属性取样测量所使用的声波频率一般较高，通常高于 25kHz，因此，要求信号发生器具有较高的采样率，一般不低于 25M Sa/s[①]。目前市场上商业化产品的信号发生器品牌有美国的泰克（Tektronix）公司、安捷伦（Agilent）公司、国家仪器（NI）公司等。泰克公司生产的 AFG3000 系列信号发生器可以满足海底沉积物声速和声衰减系数取样测量的需要，主要技术参数如下：采样率高达 250M Sa/s，可以高采样率生成长达 128K[②]的任意波形；输出振幅（峰峰值）为 1mV～10V；14 位垂直分辨率；可输出 12 种不同的标准波形，内建正弦波、方波、脉冲波、三角波、斜波、直流电、谐波及噪声信号。脉冲波可自由调整波形宽度、上升缘时间、下降缘时间，其占空比范围为 0.017%～99.983%。

功率放大器简称功放，是指在给定失真率要求下，能产生最大功率输出以驱动某一负载的放大器。用于样品地声属性取样测量的发射换能器功率放大器要求能够工作于高频段。美国 Instrument 公司生产的 M 系列高频线性功率放大器工作频率为 10～500kHz，美国 AE Techron 公司的 AE Techron7224 功率放大器的最大工作频率为 300kHz，上述两款功率放大器可满足沉积物柱状样品取样测量的要求。功率放大器与换能器的阻抗匹配对于发射换能器发射性能具有重要影响，在选择商业化的功率放大器时，需要考虑功率放大器与换能器的阻抗匹配问题。针对沉积物柱状样品地声属性取样测量的特殊需求，国内有关公司和科研机构研制了适用于高频声学换能器的功率放大器。例如，自然资源部第一海洋研究所联合国内有关单位研制了一款 L50W-M 功率放大器，适用频率范围为 20～250kHz，其技术指标为输出功率 50W；非线性失真度 2%；信噪比>80dB；输入灵敏度 1V@50W。

信号采集器的主要功能是将接收换能器接收到的模拟信号以足够的采样率转化为数字信号并进行存储，用于后续的声速和声衰减系数的计算。用于沉积物柱状样品声学特性实验室测量也需要具有较高的采样率，以满足对高频信号（如 250kHz 的声信号）采集的需求，同时具有外触发功能。目前，市场上商业化的数据采集设备或模块主要有德国 Labortechnik Tasler 公司生产的 TTL 宽带信号调理记录仪、荷兰 B&K 公司的 LAN-XI 系列数据采集模块、美国 NI 公司的 PXI 数据采集模块等。部分商业化的数据采集器的采样率不能满足沉积物样品高频地声属性取样测量（如 200kHz 以上的声信号）的需求，选购时要注意。针对沉积物柱状样品声学特性实验室测量对高频采样的需求，国内有关公司和科研机构集成研制出了采样率为 20M Sa/s 的信号采集器。

声学换能器主要用来发射和接收声波信号。目前沉积物柱状样品声学特性实验室测量所用声学换能器主要为平面活塞换能器，典型的平面活塞换能器如图 3-18 所示，其声辐射面为圆形平面。测量过程中，平面活塞换能器放置在柱状样品的两端，与沉积物样品保持良好耦合。换能器工作带宽的限制以及发送电压响应不平坦，会造成发射声信号频谱形状改变和主频的偏移。王飞等（2018）提出一种换能器驱动信号补偿方法，可实现窄带换能器频响特性的均衡，减弱换能器对发射信号的影响。双探针同轴差距测量法中使用探针式接收换能器，探针式接收换能器为宽带换能器，可以实现宽频带接收，从而减少在宽频

① 1M Sa/s 即每秒 1 兆个样本。
② 1K=1024 个样本。

测量过程中多次更换换能器而带来的耦合误差。

图 3-18　用于沉积物样品测量的平面活塞换能器

　　目前，国内研究人员使用一些集成化的数字声波仪或非金属声波检测仪进行沉积物柱状样品声学特性实验室测量。这类仪器通常将信号发生器、功率放大器、信号采集器等集成在一起，并配备相关频率的超声波换能器，形成一套可完成声波发射和接收以及数据采集和存储的声波测试系统。目前国内在沉积物柱状样品地声属性取样测量常用的数字声波仪有武汉岩海工程技术有限公司的 RS-ST 系列非金属超声检测仪、武汉智岩科技有限公司的 RSM-SY5（T）智能声波仪、湖南湘潭无线电有限公司的 SYC-3 和 SYC-4B 声波检测分析仪、湘潭天鸿电子研究所的 DB4 和 TH204 多功能声波参数测试仪、重庆奔腾数控技术研究所的 WSD-3 和 WSD-4 数字声波仪等，表 3-1 列出了有代表性的数字声波仪或声波检测仪的主要技术参数。

表 3-1　数字声波仪主要技术参数

仪器型号参数	通道数	滤波带宽 /kHz	发射波形	发射电压	采样间隔 /μs	记录长度（样点数，1K＝1024 个样点）	声时测量精度	振幅测量精度
RS-ST06D（T）	四个独立可控自发自收通道	5～250	脉冲波	500V、1000V，可调	0.1～1638.3	0.5～1K	≤0.5%	≤3%
RS-ST01C	一个发射，两个接收	0.01～200	脉冲波	500V、1000V，可调	0.1～200	0.5～1K	≤0.5%	≤3%
RSM-SY5（T）	一个发射，两个接收	1～500	脉冲波	500V、1000V，可调	0.1～200	0.5～4K	≤0.5%	≤3%
SYC-4B	—	1.5～100	脉冲波	250V、500V、1000V，可调	0.1～10	—	0.1μs	0.5%
TH204	四通道	0.1～1000	脉冲波	100～1000V，连续可调	0.05～2000	32K	±0.05μs	—

仪器型号参数	通道数	滤波带宽/kHz	发射波形	发射电压	采样间隔/μs	记录长度（样点数，1K = 1024 个样点）	声时测量精度	振幅测量精度
WSD-4	一个发射，两个接收	0.01 ~ 500	脉冲波	100V、 250V、 500V、 750V、 1200V、可调	0.025 ~ 3276.7	0.5 ~ 4K	±0.1μs	≤1%

注：RS-ST 系列非金属超声检测仪包括 RS-ST01C、RS-ST01D（P）、RS-ST02C（C）、RS-ST03D（T）、RS-ST06（D）等型号，表中列出了老款 RS-ST01C 和新款 RS-ST06D（T）的指标，其余厂家仪器只列出了本书编写时最新款仪器的指标

3.4.2 取样样品剪切波特性测量仪器

剪切波换能器是沉积物样品剪切波特性测量仪器的关键部件。剪切波换能器有两种振动模式，一种是剪切型，其有明显的偏振特性；另一种为扭转型，其振动方向与以波传播方向为轴心的同心圆相切，产生无偏振特性的扭转横波。目前，海底沉积物剪切波测量使用较多的弯曲元剪切波换能器为剪切型换能器。用于沉积物样品剪切波特性测量的信号发生器、功率放大器、信号采集器等与样品声速和声衰减系数测量仪器基本相同。

目前，使用较多的用于沉积物样品剪切波特性测量的集成化设备为英国 GDS 仪器设备有限公司生产的弯曲元剪切波测量系统（图 3-19）。系统主要包括剪切波换能器、发射/采集主机、控制软件三部分。弯曲元剪切波测试系统配备两个剪切波换能器，一个用于发射，另一个用于接收。弯曲元剪切波测试系统通常集成了纵波测量功能，剪切波发射换能器可以用于纵波的接收，剪切波接收换能器可以用于纵波的发射。发射/采集主机主要功能包括发射信号产生和放大、接收信号增益调节、信号采集、电路转换（剪切波测量和纵波测量的转换）等。控制软件主要功能包括发射和采集的参数设置、发射和接收波形实时显示、波形的时间拾取、接收信号的增益控制等。弯曲元剪切波测试系统的最大发射电压

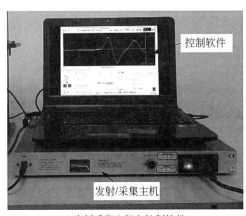
(a) 发射采集主机和控制软件

(b) 测试平台

图 3-19 弯曲元剪切波测量系统

为 14V，系统发射波形的数模转换和接收信号的模数转换的分辨率均为 16 位，采样率均为 0.2M Sa/s。发射/采集主机可以通过软件控制实现×10、×100、×300、×500 四挡的硬件增益。弯曲元剪切波测试系统通常与动三轴配套使用，剪切波换能器安装在动三轴的压力室内，也可脱离动三轴系统进行常压状态下的沉积物剪切波测试，此时需加工一个换能器夹持和样品装载的测试平台 [图 3-19 (b)]，方便安装固定剪切波换能器，同时也方便样品长度的精确测量，提高测量精度。

第 4 章 海底沉积物地声属性原位测量设备介绍

海底沉积物地声属性原位测量技术是指将仪器设备直接放置在海底进行现场测量的技术。原位测量能够获得海底原位实际状态下的地声属性参数，可以有效避免因取样和搬运对沉积物造成的扰动所引起的地声属性测量误差，相对于沉积物柱状样品的实验室取样测量，具有更高的精度和准确性。海底沉积物地声属性原位测量设备一般包括发射换能器、接收换能器、换能器贯入装置、发射电路、采集和整理电路、状态检测和控制电路等。原位测量通常将声波（或剪切波）发射换能器和接收换能器放置在海底或贯入沉积物中，设备的发射电路发射某一频率或某段频率的波形信号，激励发射换能器产生声波（或剪切波）信号，采集和整理电路记录接收换能器接收到的在沉积物中传播的声波（或剪切波）信号，然后根据记录到的声波（或剪切波）波形计算海底沉积物地声属性参数，主要包括声速、声衰减系数、剪切波速度和剪切波衰减系数。

4.1 声速和声衰减系数原位测量技术

海底沉积物声速和声衰减系数原位测量所使用的换能器为能够发射与接收声波信号的发射换能器和接收换能器。根据发射换能器和接收换能器的排列方式，海底沉积物声速和声衰减系数原位测量方式可分为横向测量方式、垂向测量方式和斜向测量方式。

4.1.1 横向测量方式

横向测量方式原理如图 4-1 所示，一般是将发射换能器和接收换能器同步贯入到同样深度的海底沉积物中，发射换能器发射的声波在沉积物中传播一定距离后，被一个或多个接收换能器接收，根据接收到的声波信号的旅行时和振幅来计算沉积物的声速和声衰减系数。该方法主要测量海底某一区域内，声波在横向上（水平方向）的传播速度和衰减系数。横向测量方式假定在声学换能器贯入的深度处，海底沉积物在横向上声波传播的距离范围内是均匀的，且海底沉积物在纵向上的垂直分层性对该种测量方法的影响相对较小。因为要将声学换能器贯入海底沉积物中，所以用于该测量方法的换能器尺寸不能太大，从而限制了中低频换能器在该测量方法中的应用。横向测量方式主要用于海底沉积物中高频地声属性的测量，测量频率一般高于 10kHz。

国外采用横向测量方式的海底沉积声学原位测量设备主要包括原位沉积声学测量系统（in-situ sediment acoustic measurement system，ISSAMS）、沉积物声学和物理性质测量仪

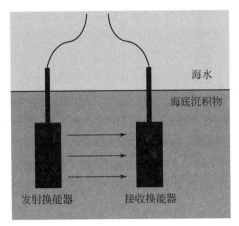

图 4-1　横向测量方式原理

（sediment acoustic and physical properties apparatus，SAPPA）、原位声速与衰减测量探针（in-situ sound speed and attenuation probe，ISSAP）和声衰减阵（attenuation array）。国内采用横向测量方式的海底沉积声学原位测量设备主要包括液压式海底沉积声学原位测量系统（hydraulic driving in-situ sediment acoustic measurement system，HISAMS）、压载式海底沉积声学原位测量系统（ballast in-situ sediment acoustic measurement system，BISAMS）、海底底质声学参数原位测量系统（in-situ marine sediment acoustic measurement system，ISMSAMS）等。现对上述海底沉积声学原位测量设备结构组成及性能进行介绍。

（1）原位沉积声学测量系统

原位沉积声学测量系统由美国海军组织研制，可用于测量海底沉积物声速和声衰减系数以及剪切波速度和衰减系数等地声属性参数。系统结构如图 4-2 所示，在钢制平台上安装有四个声波（压缩波）测量探杆，每个探杆安装三个声波换能器。其中一个探杆安装发射换能器，为发射探杆；另外三个探杆安装接收换能器，为接收探杆。发射探杆和接收探杆之间的最小间距为 0.58m，最大间距为 1.0m，最大测量深度为 0.30m（Robb，2004）。早期系统的纵波换能器工作频率为 38kHz（Richardson et al.，1997）和 58kHz（Richardson and Briggs，1996），Buckingham 和 Richardson（2002）将频率范围扩展为 25 ~ 100kHz，频率步长为 5kHz，Zimmer 等（2010）同样使用 5kHz 频率步长，将频率范围扩展为 15 ~ 200kHz。除声波（压缩波）测量外，系统安装三个用于剪切波测量的探杆，一个为发射探杆，另外两个为接收探杆，每个探杆的顶端安装剪切波换能器，可以实现剪切波速度和衰减系数的原位测量（Richardson and Briggs，1996；Buckingham and Richardson，2002）。整个设备高 3m，宽 1.6m，长 1.6m。

（2）沉积物声学和物理性质测量仪

沉积物声学和物理性质测量仪是由英国南安普顿国家海洋中心研制的一种可以测量海底沉积物地声属性和物理性质参数的装置，地声属性参数包括沉积物声速和声衰减系数以及水平极化和垂直极化的剪切波速度，物理性质参数包括圆锥探头贯入阻力、渗透率、电阻率等（Best et al.，1998）。如图 4-3 所示，直径 2.5m 的环形框架相当于测量系统的一个

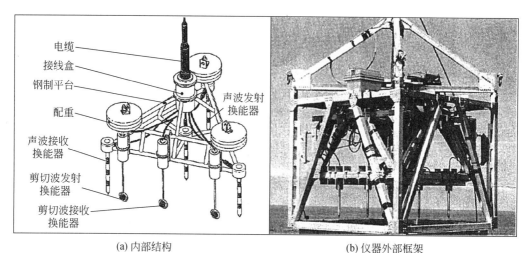

(a) 内部结构   (b) 仪器外部框架

图 4-2　原位沉积声学测量系统

资料来源：Richardson 和 Briggs（1996）、Griffin 等（1996）

集成安装平台，其上安装有两个声学探杆、一个三分量地震计和一个水平极化的剪切波激发装置。系统采用单发单收的方式进行声速和声衰减测量，一个探杆顶端安装发射换能器，另一个安装接收换能器，采用机械重锤锤击的方式将声学探杆贯入沉积物中，测量深度为海底表面以下 1.0m（图 4-4）。发射换能器发射信号的同时记录发射的信号波形，通过接收换能器接收到的信号与发射信号的比较，计算声波在发射换能器和接收换能器之间传播的时间和振幅衰减，然后根据发射换能器和接收换能器之间的准确距离来计算声速和声衰减系数。对于细粒沉积物，发射换能器的工作频率为 10 ~ 30kHz。系统剪切波测量功能在 4.2 节进行介绍。

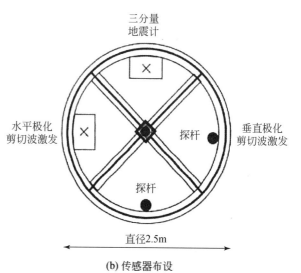

(a) 外形   (b) 传感器布设

图 4-3　沉积物声学和物理性质测量仪系统

资料来源：Best 等（1998）

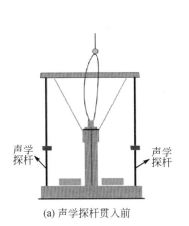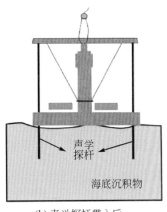

(a) 声学探杆贯入前　　　　　　　(b) 声学探杆贯入后

图 4-4　探杆贯入方式

资料来源：Best 等（1998）

（3）原位声速与衰减测量探针

原位声速与衰减测量探针由美国新罕布什尔（New Hampshire）大学研制（Kraft et al., 2002；Mayer et al., 2002）。系统的测量主体由四个正交排列的声学换能器探针组成，均安装有收发合置的换能器。其中两个换能器的工作频率为 40kHz，另外两个换能器的工作频率为 65kHz（图 4-5）。根据换能器安装位置不同，声波传播距离 10～60cm 可调。安装换能器的探杆贯入沉积物中的深度为 20cm，换能器位于 15cm 处，即测量深度为 15cm。系统带有水下彩色照相机，可以初步观察沉积物的基本情况。另外，装置还安装有电阻率探针，可以在声学测量的同时测量沉积物的电阻率。

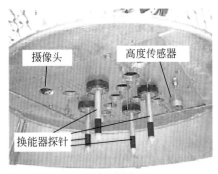

(a) 装置外观　　　　　　　　　　(b) 底部结构

图 4-5　原位声速与衰减测量探针

资料来源：Kraft 等（2005）

（4）声衰减阵

声衰减阵由美国华盛顿大学应用物理实验室研制。系统包括四个换能器探针，探针按如图 4-6 所示的排列方式固定在一个三角形框架上。其中两个探针顶端安装发射换能器，用于发射声波；另外两个安装接收换能器，用于接收声波。三脚架上安装有三个手柄，潜水员借助手柄将系统贯入沉积物中进行沉积物声速和声衰减系数测量。系统测量深度为 0.1m，测量频率为 80~300kHz（Thorsos et al.，2001；Carroll，2009；Hefner et al.，2009）。

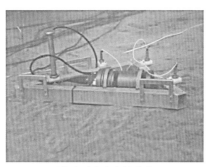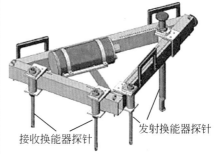

(a) 设备布放在海底的状态   (b) 结构

图 4-6   声衰减阵

资料来源：Hefner 等（2009）

（5）液压式海底沉积声学原位测量系统

液压式海底沉积声学原位测量系统于 2009 年由国家海洋局第一海洋研究所（现为自然资源部第一海洋研究所）联合同济大学、山东省科学院海洋仪器仪表研究所、山东拓普液压气动有限公司等单位研制（图 4-7）。液压式海底沉积声学原位测量系统通过液压驱动装置（液压泵、液压缸、液压杆、滑轮组等）将固定于活动压盘上的四个声学探杆匀速贯入到海底以下指定深度（阚光明等，2010，2011）。液压式海底沉积声学原位测量系统高 2.3m，底盘为正六边形，边长为 1.8m，空气中重 2.3t。第一代为浅水型，最大工作水深为 500m，测量频率为 20~40kHz，最大测量深度为 1.0m。截至 2018 年，液压式海底沉积声学原位测量系统发展到第二代，在工作水深、测量频率、测量深度方面均进行了功能扩展。第二代为深水型，最大工作水深为 6000m，测量频率为 20~120kHz，最大测量深度为 1.2m。液压式海底沉积声学原位测量系统的工作原理、功能特点及主要技术指标、系统组成等详见第 5 章。

（6）压载式海底沉积声学原位测量系统

压载式海底沉积声学原位测量系统除了声学探杆贯入沉积物的方式不同外，其余部分与液压式基本相同。系统主要由机械承载平台、声波发射与采集单元、姿态监控单元、控制与数据传输单元四部分组成（图 4-8）（Wang et al.，2018a）。机械承载平台由导向杆、六棱形机械框架、配重铅块、耐压舱、可垂向移动的活动压盘、四根声学探杆组成。声波发射与采集单元由声波发射采集模块和声学换能器组成，声波发射采集模块内置于密封舱中，通过防水电缆与声学换能器连接，其功能是完成声波发射、采集、预处理等。姿态监控单元由倾角传感器、入水传感器、触底传感器、位移传感器组成，其功能分别是测量系统的倾斜程度、判断系统是否入水、判断系统是否触底、测量声学探杆贯入深度。倾角传感器安装在密封舱中，入水传感器安装在活动压盘上，触底传感器的感应部件与外触发部件分别安装在机械框架和活动压盘上。控制与数据传输单元由中央控制器和数据传输模块组成，均内置于密封舱中。中央控制器通过防水电缆分别与声波发射与采集单元和姿态监控

图 4-7　浅海型液压式海底沉积声学原位测量系统

资料来源：阚光明等（2010）

图 4-8　压载式海底沉积声学原位探测系统

单元连接，其功能是采集各种传感器信号，并分别对声波发射、采集和数据传输进行控制。数据传输模块的功能将系统状态监控数据和声波采集数据由通信端口导出，并传输至甲板监控单元。压载式海底沉积声学原位测量系最大工作水深为 6000m，测量深度为 0.8m，测量频率为 20～120kHz。

（7）海底底质声学参数原位测量系统

中国科学院海洋研究所研制出一种海底底质声学参数原位测量系统，该系统由水上主控子系统和水下测量子系统构成。水上主控子系统由工控机、数据传输接口和 GPS 定位模块组成，实现实时控制、数据处理与记录功能（郭常升等，2009；侯正瑜等，2015；王景强，2015）。水下测量子系统机械结构采用"个"字形设计（图4-9）。该结构由在同一平面的三根不锈钢管组成支撑结构，在结构框架的四个端点加载加重铅球和加重圆饼。"个"字形结构顶端点为通信铠装电缆的受力点，便于铠装电缆对海底仪器进行拖动。仪器结构采用两套"一发双收"的工作方式，在"个"字形结构上下两侧分别安装一个发射换能器和两个接收换能器，分别安装在"个"字形结构的三个底端点处。这种结构能够确保仪器在任何情况下都能让换能器探头合理地贯入海底沉积物中，即使仪器发生翻转时也不会影响正常的测量。换能器采用频率10~40kHz的宽频圆柱状换能器，封装在发射探头和接收探头的顶端，换能器之间具有固定的间距，能够实现声波在海底沉积物中的发射与接收。水下部分电子线路密封于两个管状耐压容器中，其中包括数据传输接口、发射激励电路、数据采集电路。水上主控子系统与水下测量子系统通过通信铠装电缆建立低速的下行命令通道和高速的上行数据通道，数据通信采用曼彻斯特编码调制方式。系统最大工作水深为500m，测量深度为30cm。

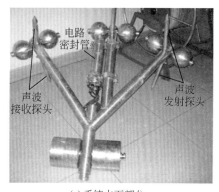 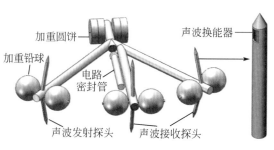

(a) 系统水下部分 (b) 水下部分结构

图4-9　海底底质声学参数原位测量系统

资料来源：侯正瑜等（2015）、王景强（2015）

4.1.2　垂向测量方式

　　垂向测量方式原理如图4-10所示，发射换能器和接收换能器自上而下或自下而上按照特殊的排列方式固定在一个圆柱探杆或沉积物柱状取样器上。多个接收换能器紧贴圆柱探杆或沉积物柱状取样器的外壁固定安装。发射换能器固定在接收换能器的上方且稍微偏离圆柱探杆中心，使声波传播路径尽量避开圆柱探杆或沉积物柱状取样器快速下插所引起的海底沉积物扰动区域，以减少测量误差。采用垂向测量方式的海底沉积声学原位测量仪器将发射换能器固定在探杆顶部的仪器框架上，在接收水听器随探杆贯入沉积物时，发射换能器一般紧贴海底（完全贯入时）或位于海底之上（未完全贯入时），可以安装体积较大的中低频换能器。因此，采用垂向测量方式的海底沉积声学原位测量仪器可以进行频率小于20kHz的中频段的海底沉积物地声属性原位测量。而且，采用垂向测量方式的海底沉积声学原位测量仪器可以获得海底沉积物地声属性的纵向剖面。但当海底底质坚硬时，探杆不能完全贯入海底沉积物中，发射换能器和部分接收换能器位于海底之上的水中，给测量带来误差，需要进行校正。对于非常坚硬的海底，采用垂向测量方式的海底沉积声学原位测量仪器的探杆无法贯入沉积物，造成测量失败。

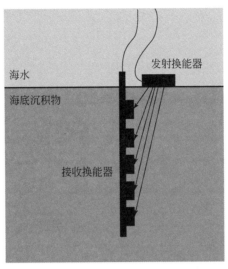

图 4-10　垂向测量方式原理

国外采用垂向测量方式的原位设备主要有声学长矛（acoustic lance）、韩国地球科学与矿产资源研究院海底声学探针（Korea Institute of Geoscience and Mineral Resource Acoustic Probe，KISAP）。国内采用垂向测量方式的原位设备主要有多频海底声学原位测试系统（multi-frequency in-situ marine sediment geoacoustic measurement system，MFIMSGMS）、双向自容式沉积声学原位测量探针（bi-directional and self-contained sediment acoustic probe，BSSAP）等。现对上述海底沉积声学原位测量设备结构组成及性能进行介绍。

（1）声学长矛

声学长矛是一种采用垂向测量方式的沉积声学原位测量设备，由美国夏威夷大学研制，可以测量海底之下几米深度内沉积物声速和声衰减系数纵向剖面。多个接收换能器组成接收阵列，固定在专门设计的圆柱探杆或重力取样器上，宽频发射换能器安装于探杆或取样器顶部的仪器框架上（图 4-11）。通过各个接收换能器接收到信号的到时差和幅度差，计算换能器之间的纵向剖面上沉积物的压缩波速度和衰减系数。发射换能器设计的发射主频为 28kHz（径向辐射）和 16kHz（纵向辐射），设备的实际发射主频为 8kHz 和 16kHz。系统最大工作水深为 6000m，测量深度可达海底以下 3～5m（Fu et al.，1996；Gorgas et al.，2003）。除此之外，系统还包括水下的信号采集记录部分和甲板控制部分。

（2）韩国地球科学与矿产资源研究院海底声学探针

韩国地球科学与矿产资源研究院海底声学探针结构与声学长矛类似，如图 4-12 所示。系统所使用的接收换能器工作频带为 5Hz～20kHz，五个接收换能器等间距安装在柱状取

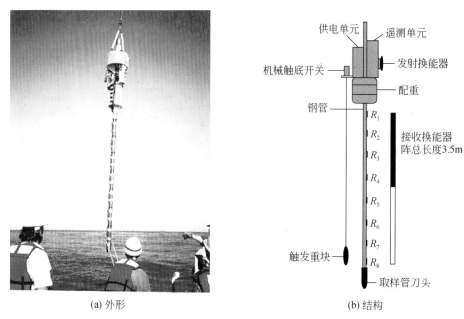

(a) 外形   (b) 结构

图 4-11　美国声学长矛及其结构

资料来源：Gorgas 等 （2003）、陶春辉等 （2006a）

样器上，组合成接收阵列。发射换能器安装在接收换能器阵的上部，工作频带为 1 ～ 50kHz。设备探测深度为 4.0m，最大工作水深为 2000m。设备的发明者 Kim 等 （2018） 指出，如果韩国地球科学与矿产资源研究院海底声学探针不能完全贯入或不能垂直贯入沉积物，则很难判定其贯入的精确深度，并且会给测量带来误差。

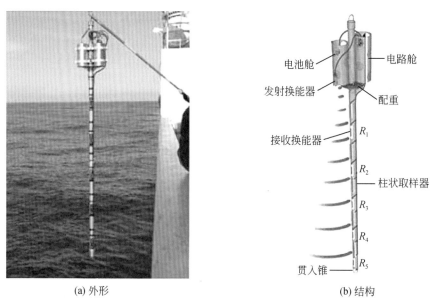

(a) 外形   (b) 结构

图 4-12　韩国地球科学与矿产资源研究院海底声学探针及其结构

资料来源：Kim 等 （2018）

（3）多频海底声学原位测试系统

国家海洋局第二海洋研究所（现为自然资源部第二海洋研究所）于 2006 年研制出一种多频海底声学原位测试系统（图 4-13）。多个声学水听器沿着特别设计的重力管等距离分布，组成一个接收水听器阵。四个发射换能器组合，可实现 8~120kHz 的测量频率。当重力管靠自重贯入海底后，由甲板计算机控制安装于重力管上端的发射换能器发射声信号，声信号在海底沉积物中传播后被埋置在沉积物中的水听器阵接收。水听器阵接收信号后以电压的形式经前置放大、增益控制、滤波后再进行 A/D（模/数）采集板转换成数字信号，经嵌入式工控机 PC104 存储电路存储，再由网口传入甲板计算机中，实现甲板实时控制测量。系统提供声信号波形的记录，经过信号分析和处理后能提供精确的纵波声速，同时也能提供声信号在沉积物中的衰减特征。系统工作水深为 300m，测量深度为 4m 和 8m，可调节（陶春辉等，2006b）。

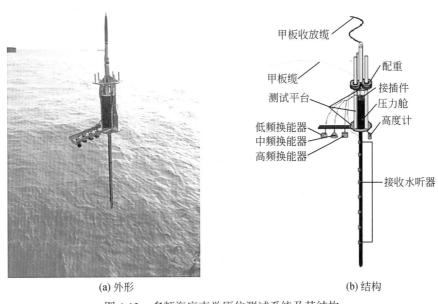

(a) 外形   (b) 结构

图 4-13 多频海底声学原位测试系统及其结构

资料来源：李倩宇（2018）

自然资源部第二海洋研究所于 2018 年研制出新一款纵横混合式原位测试系统（图 4-14）。该系统的声学接收探杆内有一个垂向水听器阵，由间隔为 20cm 的八个水听器组成。声源包括一个安装在探杆顶部框架上的纵向发射换能器和两个分别安装在发射探杆顶部和底部的横向发射换能器。纵向发射换能器发射的声波在海底沉积物中传播后由 $R_2 \sim R_7$ 六个接收换能器接收，两个横向发射换能器发射的声波穿过海底沉积物后分别由接收换能器 R_1 和 R_8 接收，每个发射换能器按照预设的时序轮流发射声波。系统靠自身的重量贯入海底，甲板控制单元控制纵向发射换能器和发射探杆中的横向发射换能器发射声波。接收探杆中的接收水听器阵接收到的声信号经前置放大、增益控制、滤波等处理后，被采集电路采集和存储，并同时由通信电缆传送到甲板控制单元，从而实现甲板的实时监控。通过对记录的波形数据处理，精确计算海底沉积物的声速和声衰减系数。系统测量频率为 8 ~ 200kHz，测量深度为 2.0m，最大工作水深为 300m（李倩宇，2018）。

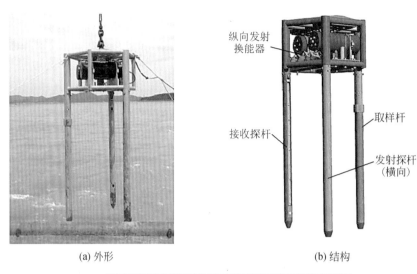

(a) 外形　　　　　　　　　　(b) 结构

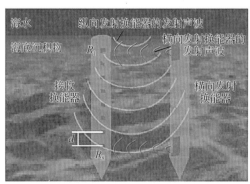

(c) 纵横发射工作原理

图 4-14　纵横混合式原位测试系统水下部分

资料来源：李倩宇（2018）

（4）双向自容式沉积声学原位测量探针

双向自容式沉积声学原位测量探针由国家海洋局第一海洋研究（现为自然资源部第一海洋研究所）所于 2010 年研制，测量探针的顶端和底端均安装有发射换能器，发射换能器之间安装有多个接收换能器（图 4-15）。接收换能器既可以接收底端发射换能器发射的向上传播的声信号，也可以接收顶端发射换能器发射的向下传播的声信号。设备工作水深为 3000m，测量深度为 3 ~ 6m，探测频率为 20 ~ 40kHz。设备可以在进行声学特性原位测量的同时开展沉积物柱状取样，同时，即使测量探针未能全部贯入海底沉积物，也可以实现沉积物声学性质的精确测量。

图 4-15 双向自容式沉积声学原位测量探针

4.1.3 斜向测量方式

斜向测量方式的原理如图 4-16 所示,接收换能器和发射换能器的排列方式与垂向测量方式类似,不同的是发射换能器在横向上偏离接收换能器的距离远大于垂向测量方式。采用斜向测量方式原理的原位测量设备,其收发间距(发射换能器到接收换能器的距离)比较大,可以实现沉积物低频地声属性的测量。

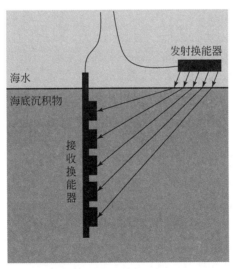

图 4-16 斜向测量方式原理

美国华盛顿大学应用物理实验室研制的沉积物声速测量系统采用斜向测量方式。仪器结构如图 4-17 所示,声源由十个球形换能器组成,其中九个为 ITC1032 球形换能器,一个为 ITC1007 球形换能器。包括 ITC1007 在内的七个球形换能器固定安装在仪器扩展臂上,其余三个安装在设备底盘框架上。一个圆环形接收换能器安装在中心探杆的头部，中心探杆实际为一特殊设计的双层结构的钻杆，钻杆旋转贯入，并通过高压水泵从探杆夹层将高压水输送到探杆头部，高压水将钻头处的沉积物带出至海底，利于探杆贯入。系统在砂质海底可将钻杆贯入海底至3.0m处。设备的测量频率范围为2～35kHz（Yang et al.，2008；Yang and Tang，2017），通过记录的信号到达时间及传播距离测定沉积物声速。

(a) 外形　　　　　　　　　　　　　(b) 结构

图 4-17　沉积物声速测量系统

4.2　剪切波速度和衰减系数原位测量技术

研究表明，未固结的海底沉积物支持剪切波的传播，但剪切波在海底浅层沉积物中的传播速度慢，且衰减大。因此，相对于声速和声衰减系数原位测量，剪切波速度和衰减系数的原位测量难度更大。

在沉积物–海水界面处传播的各种的面波（如勒夫波、斯科尔特波、斯通莱波等）可被用来估算海底浅层沉积物的剪切波速度和衰减系数，可作为海底沉积物剪切波速度和衰减系数原位测量的一种间接方法。可以采用海底地震仪进行近海底面波接收，海底地震仪一般采用各种规格的三分量地震计作为接收检波器（Bucker et al.，1964；Rauch，1980，1986；Muir et al.，1991；Bibee，1993；Jackson and Richardson，2007），人工爆炸震源、冲击震源、扭转震源均可产生面波，可作为剪切波声源。除上述间接测量海底浅层沉积物剪切波特性的方法外，目前带有海底浅层沉积物剪切波特性测量功能的原位仪器主要有原位沉积声学测量系统、沉积物声学和物理性质测量仪和地声属性原位测量与取样系统（system for in-situ measurement of geoacoustic properties during sediment coring，SISMGPSC）。

原位沉积声学测量系统既可以测量海底沉积物声速和声衰减系数，也可以测量剪切波速度和衰减系数，采用由陶瓷弯曲元晶片构成的剪切波换能器发射和接收剪切波（Richardson et al.，1991a，1991b；Buckingham and Richardson，2002）。剪切波换能器弯曲元晶片由紧密黏结的双压电晶片构成，晶片安装在柔顺材料中，当弯曲元晶片通电后发生弯曲变形，带动沉积物质点发生剪切位移，从而产生剪切波；反之，当弯曲元晶片受力发生弯曲时，将机械振动转换成电流，从而实现剪切波信号接收（McNeese et al.，2015）（图 4-18）。这种弯曲元换能器被安装在各种远程操控或潜水员人工操控的原位测量设备上，基于此，有研究人员开展了海底沉积物剪切波速的测量（Griffin et al.，1996）。早期的剪切波速测量采用单换能器发射和单换能器接收的时距法，即根据一定距离内（发射换能器和接收换能器之间的距离）剪切波传播的时间来计算剪切波速度。最近几年发展起来的采用双换能器发射和双换能器接收的置换法，可以在不使用标准参考波形的情况下测量剪切波衰减（Richardson et al.，1997）。原位沉积声学测量系统安装有一个剪切波发射换能器和两个剪切波接收换能器（图 4-2）。

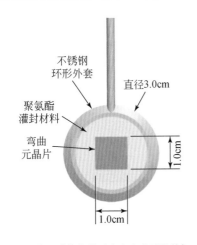
(a) 剪切波换能器（内含弯曲元晶片）

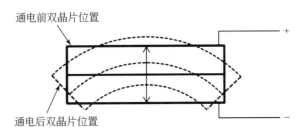
(b) 弯曲元晶片工作原理

图 4-18　剪切波换能器
资料来源：McNeese 等（2015）

沉积物声学和物理性质测量仪也是一套可同时测量压缩波特性和剪切波特性的海底声学原位测量系统（Best et al.，1998）。系统采用一个三分量地震检波器接收剪切波，三分量地震检波器由三个 OYO GS-20DM 型号的地震计沿 x、y、z 三个方向正交排列，密封在一个由电镀铝加工成的密封舱内，与仪器整体框架进行隔声处理。当设备坐底时，如果三分量地震检波器受力过大，则可沿垂直方向移动，这样既保证三分量地震检波器不被压坏，也保证其能够与海底良好耦合。沉积物声学和物理性质测量仪采用两种方法产生剪切波，垂直极化剪切波在声学探杆贯入沉积物的过程中由重锤敲击探杆产生，水平极化剪切波则由专门的装置产生（图 4-19）。水平极化剪切波的激发装置由底部旋转凹凸不平的砧块、旋转凸轮、弹簧、重锤和马达组成，砧块固定在一个底部带皱褶的且与海底良好耦合的踏板上。马达驱动旋转凸轮带动重锤敲击砧块，从而带动踏板与海底产生摩擦运动，进而激发水平极化剪切波。剪切波测量主频为 120Hz。设备最大工作水深为 6000m。

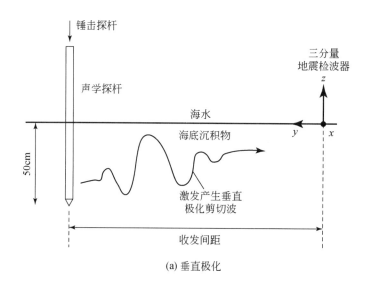

(a) 垂直极化

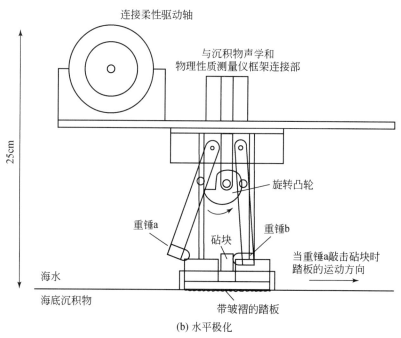

(b) 水平极化

图 4-19　沉积物声学和物理性质测量仪系统剪切波激发原理

　　美国得克萨斯大学奥斯汀分校研制出一种可以同时进行声学特性原位测量和沉积物取样的测量系统——地声属性原位测量与取样系统（Ballard，2016）。在沉积物柱状取样管顶部安装有压缩波和剪切波测量换能器，用于沉积物声学特性的测量（图 4-20）。剪切波换能器采用与原位沉积声学测量系统类似的弯曲元晶片结构，弯曲元晶片由薄圆形的压电陶瓷片及其周围的保护层组成，测量频率为 1kHz。一个发射换能器和两个接收换能器分别安装在扁圆形薄铲支架上，便于贯入沉积物，进行剪切波发射和接收（图 4-21）。用于发射的弯曲元晶片为两个压电陶瓷片并联，同方向极化，以提高其发射响应；用于接收的弯曲元晶片为两个压电陶瓷片串联，反方向极化，以提高其接收灵敏度。系统压缩波（声波）测量频率为50kHz（表4-1）。

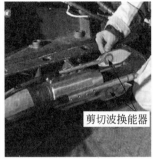

(a) 地声属性原位测量与取样系统外形   (b) 剪切波测量装置

图 4-20   地声属性原位测量与取样系统

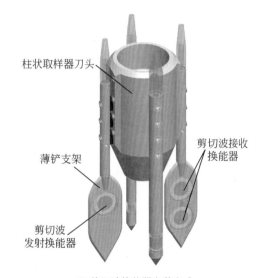

(a) 压缩波和剪切波探针外形   (b) 剪切波换能器安装方式

图 4-21   压缩波和剪切波测量换能器及安装方式

表 4-1 国内外海底地声属性原位测量系统技术参数列表

原位测量系统	最大工作水深	最大测量深度	测量的声学参数	工作频率	测量方式	应用情况	备注
原位沉积声学测量系统	—	0.3m	海底横向（水平方向）声速及声衰减系数、剪切波速度及其衰减系数	压缩波：早期版本，38kHz 和 58kHz，改进版本，15～200kHz；剪切波：0.1～1.0kHz 或 0.25～2.0kHz	横向测量	波罗的海埃弗德湾的泥质沉积物和墨西哥湾西北部的砂质沉积物，佛罗里达群岛下游多种未固结的碳酸盐沉积物，佛罗里达州沃尔顿堡海滩附近浅水海底砂质沉积物 10 个站位，夏威夷卡内奥赫湾 2 个站位	系统多个接收换能器接收到信号的传播路径不同，不同的传播路径上的沉积物声学性质存在差异
沉积物声学和物理性质测量仪	2000m	1.0m	海底横向（水平方向）声速及声衰减系数、剪切波速度，也可以测量圆锥探头贯入阻力、渗透率等	压缩波：对于细粒沉积物，10～30kHz；剪切波：120Hz	横向测量	在霍尔木兹海峡阿拉伯湾进行浅水（100m）试验	体积、重量较大，不适合大面积快速测量
原位声速与衰减测量探针	—	0.15m	海底横向（水平方向）声速及声衰减系数	40kHz 和 65kHz	横向测量	美国新泽西（New Jersey）附近中外大陆架 99 个站位，朴次茅斯（Portsmouth）港利特尔（Little）湾	装置装有水下彩色照相机，可以初步观察沉积物的基本情况，还装有电阻率探针，同时测量沉积物的电阻率
声衰减阵	—	0.1m	海底横向（水平方向）声速及声衰减系数	40～300kHz	横向测量	美国佛罗里达州沃尔顿堡海滩附近 18～19m 水深海底 40 余个站位开展测量试验	需要借助潜水员将设备布放在海底
液压式海底沉积声学原位测量系统	6000m	1.2m	海底横向（水平方向）声速及声衰减系数	20～120kHz	横向测量	在南黄海西部海域 104 个站位，在胶州湾 3 个站位，南海 4 个站位	具有自容式控制和可视化实时控制两种工作模式
压载式海底声学原位测量系统	6000m	0.8m	海底横向（水平方向）声速及声衰减系数	20～120kHz	横向测量	南海 62 个站位，东海 30 个站位，西北太平洋 4 个站位	原位声学测量的同时，可开展海底沉积物取样

续表

原位测量系统	最大工作水深	最大测量深度	测量的声学参数	工作频率	测量方式	应用情况	备注
海底底质声学参数数字化测量系统	500m	0.3m	海底横向（水平方向）声速及声衰减系数	10～40kHz	横向测量	在胶州湾、青岛近海、东海等海域进行测量试验	除站位式测量外，还可进行拖曳式连续测量
声学长矛	6000m	5.0m	海底垂直方向声速及声衰减系数	8kHz，16kHz	垂向测量	大西洋洋中脊6个站位，波罗的海埃肯弗德湾18个站位，美国夏威夷瓦胡岛附近砂质沉积物和北加利福尼亚州邻近伊尔河三角洲水深为60～100m的大陆架上的9个站位	仅能测量沉积物垂向剖面上的声速和声衰减系数，当海底贯入砂质沉积物时，长矛贯入沉积物的难度加大，只能部分贯入沉积物，甚至导致测量失败
韩国地球科学与矿产资源研究院海底声学探针	2000m	4.0m	海底垂直方向声速及声衰减系数	1～20kHz	垂向测量	韩国东部郁陵（Ulleung）海盆2个站位	不能完全贯入或不能直接垂直贯入的精度，沉积物，很难判定其贯入的精确深度，并且会给测量带来误差
多频海底声学原位测试系统	300m	4.0m和8.0m，可调节	海底垂直方向声速及声衰减系数	8～120kHz	垂向测量	在杭州湾乍浦、金塘水道及浙江德清湖下渚湖等浅水区位测量	2018年的版本采用垂向测量组合的方式，测量和横向测量，测量深度为2.0m，最大工作频率8～200kHz，最大工作水深为300m
双向自容式沉积声学原位测量探针	3000m	3.0～6.0m	海底垂直方向声速及声衰减系数	20～40kHz	垂向测量	在黄海海开展了测量试验	在测量探针的顶端和底端均安装发射换能器，即使测量探针未能全部贯入海底沉积物，也可以实现沉积物声学性质的精确测量
沉积物声速测量系统	100m	3.0m	海底横向（水平方向）声速和声衰减系数	2～35kHz	斜向测量	美国新泽西西大陆架浅水区域3个站位，巴拿马（Panama）城5个站位	可进行10kHz以下的中低频声学特性测量
地声属性原位测量与取样系统	—	3.0m	海底横向（水平方向）声速和剪切波速度	压缩波：50kHz；剪切波：1kHz	横向测量	新英格兰南部陆架10个站位	声学测量的同时可取样；既可测声速，也可测剪切波速度

第5章 液压式海底沉积声学原位测量系统

液压式海底沉积声学原位测量系统（HISAMS）是一种基于横向测量方式的海底沉积物地声属性原位测量系统，由自然资源部第一海洋研究所联合同济大学、山东省科学院海洋仪器仪表研究所、山东拓普液压气动有限公司等单位研制。系统通过一套液压驱动装置将测量换能器贯入海底沉积物中进行声学特性原位测量，故命名为液压式海底沉积声学原位测量系统。截至2018年，系统发展到第二代，第一代液压式海底沉积声学原位测量系统为浅水型，最大工作水深为500m，采用自容式控制工作方式，测量频率为20~40kHz。第二代液压式海底沉积声学原位测量系统最大工作水深拓展到6000m，测量频率扩展到20~120kHz，最大测量深度为1.2m，系统具有可视化实时控制和自容式控制两种工作方式。本章对液压式海底沉积声学原位测量系统工作原理、功能特点及主要技术指标、结构组成等做详细介绍。

5.1 系统工作原理

液压式海底沉积声学原位探测系统工作原理如图5-1所示。声学探杆顶端安装有声学

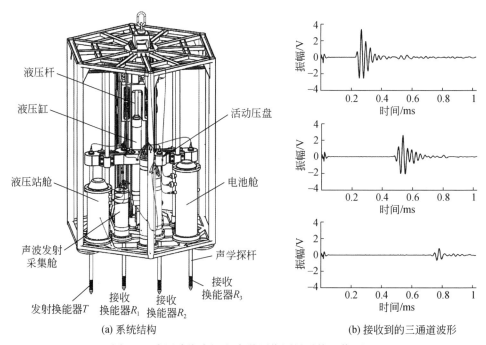

(a) 系统结构   (b) 接收到的三通道波形

图5-1 液压式海底沉积声学原位测量系统工作原理

换能器,其中一个安装发射换能器 T,另外三个安装接收换能器(R_1、R_2、R_3)。声学探杆上安装换能器的位置位于海底之下 1.2m,即最大测量深度为 1.2m。发射换能器发射的声波信号在沉积物中传播,然后分别被三个接收换能器接收,采集电路对接收到的声波信号进行前置放大、初始滤波、自动增益控制和 A/D 转换,转换成数字信号后自容式存储到系统存储单元或实时传送到甲板控制单元进行存储。根据记录到的三通道声波信号的到时差和幅度差,计算海底沉积物声速和声衰减系数。系统包括可视化实时控制和自容式全自动控制两种工作模式。可视化实时控制工作模式时,甲板控制指令可通过光纤通信缆或同轴电缆发送至水下单元,采集的声波信号可实时传送到甲板上位机进行实时显示。自容式全自动控制工作模式时,系统可按照预设的工作参数在海底全自动地完成声学探杆的下插和上提以及声波的发射、接收和采集等工作,不需要甲板上人员实时控制,数据自容式存储于系统存储单元,系统在海底工作结束后提升至甲板,导出数据并计算声速和声衰减系数(阚光明等,2010,2011;薛钢等,2017)。

5.2 系统功能特点及主要技术指标

5.2.1 功能特点

1)系统能够根据预设的参数发射指定频率的声波信号,三个接收通道同时接收由声源发出的,并经过在海底沉积物中传播的声信号,声信号经滤波、放大等调理后被采集单元采集,数据实时上传至甲板或自容式存储于存储单元。

2)安装有声学换能器的四根声学探杆牢固地固定在活动压盘上,通过专门设计的液压装置将换能器匀速贯入到海底沉积物中指定深度。相对于依靠自重冲击、锤击等贯入方式,基于液压驱动的匀速贯入方式对沉积物的扰动小。

3)采用由液压缸、液压杆、滑轮组、传动钢缆、活动压盘等组成的液压驱动贯入装置的行程放大机构,在保证探测深度的同时,降低了设备的整体高度,使设备能够平稳地坐在海底,不易因海流等发生倾倒。

4)声学换能器采用中心承载轴的结构设计,压电陶瓷管内外充满可以自由流通的低阻抗油,使换能器在下插到沉积物的过程中,贯入锥受到的下插反作用力直接作用到承载轴上,压电陶瓷管处于不受力状态,避免了贯入阻力对压电陶瓷管的影响,并使压电陶瓷管在高静水压力下保持其内外压力平衡,避免压电陶瓷单向受力而损坏。

5)系统具有可视化实时控制和自容式控制两种工作方式,使系统能够适用于多种调查船工作环境。如果调查船具备光电复合缆或同轴电缆等实时通信条件,可采用可视化实时控制模式,如果调查船不具备光电复合缆或同轴电缆等实时通信条件,系统可采用自容式控制模式,此时系统在海底完全自动工作,采集的数据自容式存储,工作过程不需要人员控制。

5.2.2　主要技术指标

1）测量参数：海底沉积物声速和声衰减系数；

2）设备体积：2.3m×1.8m×1.8m；

3）最大工作水深：6000m；

4）探测深度：最大1.2m，可设定；

5）测量频率范围：20～120kHz，可扩展到3.5～120kHz；

6）声速测量精度：±10m/s（比测精度）；

7）声衰减测量精度：±10%（多次重复测量精度）；

8）声波发射通道：1道；

9）声波接收通道：3道。

5.3　系统结构组成

液压式海底沉积声学原位测量系统主要由机械液压子系统、控制通信子系统、声学换能器子系统和声波发射与采集子系统四大部分组成。机械液压子系统主要功能是为海底沉积声学原位测量系统提供结实稳固的机械承载平台，并通过组合式液压驱动装置将声学换能器平稳匀速地贯入到海底沉积物中指定深度。控制通信子系统主要功能是实现系统在海底工作状态和过程的自动监测和控制，使系统能够按照预设的工作参数完成声学换能器的贯入和上提以及声波信号的发射、接收、采集。在可视化实时控制模式下，控制通信子系统通过光电复合缆或同轴电缆实现上位机控制指令的实时下发以及系统在水下的监测信息和声波测试数据的实时上传等。声学换能器子系统主要功能是实现声波的发射和接收。声波发射与采集子系统主要功能是完成声信号的激发和采集，以及声波发射与采集子系统与控制通信子系统之间的通信。

5.3.1　机械液压子系统

（1）机械结构

根据设备的功能需要，为确保系统在海底的平稳性，设备的外形设计为六棱柱框架结构（图5-2），上底面和下底面六边形的尺寸为2070mm（对角）×1800mm（对边）。根据声学探杆的行程要求，机架的总体高度设计为2000mm。设备工作时，深水电机带动液压泵，驱动液压缸，利用行程放大机构扩大声学探杆的行程，使声学探杆最大伸出长度达到1400mm，达到的最大探测深度为1200m（薛钢等，2017）。

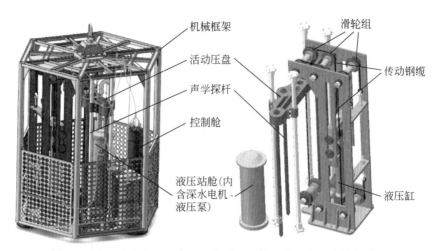

图 5-2 液压式海底沉积声学原位测量系统机械承载平台结构外形

（2）组合式液压驱动贯入装置

液压驱动贯入模块采用由液压系统、滑轮组、传动钢缆、活动压盘和声学探杆等部件组成的组合式液压驱动贯入装置。组合式液压驱动贯入装置的工作原理如图 5-3 所示，贯入动作执行过程如下：执行下插任务时，在液压动力的驱动下液压杆从液压缸内向上伸出，通过传动钢缆和滑轮组带动活动压盘向下运动，固定在活动压盘上的发射探杆和接收

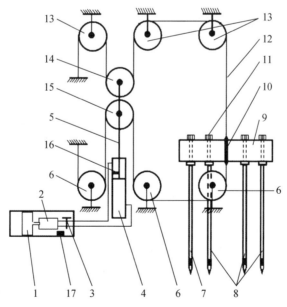

图 5-3 组合式液压驱动贯入装置工作原理

1. 深水电机，2. 液压泵，3. 液压控制阀组，4. 液压缸，5. 液压杆，6. 下定滑轮组，7. 发射探杆，8. 接收探杆，
9. 活动压盘，10. 锁紧卡环，11. 水密接插件，12. 传动钢缆，13. 上定滑轮组，14. 上动滑轮，
15. 下动滑轮，16. 位移传感器，17. 压力传感器

探杆在活动压盘的带动下缓慢匀速贯入沉积物中，发射换能器和接收换能器被同时贯入到海底沉积物中指定深度。在执行上提任务时，液压杆缩回到液压缸内，通过传动钢缆和滑轮组带动活动压盘向上运动，从而将发射换能器和接收换能器上提出海底。组合式液压驱动贯入装置同时具有行程放大功能，通过滑轮组和传动钢缆等传动装置，将液压杆运动传递到活动压盘时，其行程放大一倍。在保证贯入深度的同时，降低了设备的整体高度。

（3）液压系统

声学探杆的动作由液压系统驱动，液压系统主要由液压舱、深水电机、液压泵、液压控制阀组（包括电磁阀和单向阀）、液压缸、液压杆、压力补偿器、位移传感器和压力传感器等器件组成［图5-4（a）］。其中，深水电机和液压泵提供动力；电磁阀和单向阀相当于液压油的开关，负责向液压缸注油；液压缸内安装有液压杆，通过分别向液压缸的有杆腔和无杆腔注油，使液压杆执行伸出或缩回液压缸的动作；压力补偿器主要是用于补偿水深产生的压力，使舱内液压油保持与周围海水压力的平衡，有效减小了液压舱的重量，克服了水深变化对液压系统产生的影响，以确保液压系统保持正常的工作；压力传感器实时检测液压驱动系统的工作压力，提供系统压力的变化情况；位移传感器实时检测液压杆的运动位移，从而判断下插或上提是否到达指定位置。液压系统工作原理如图5-4（b）所

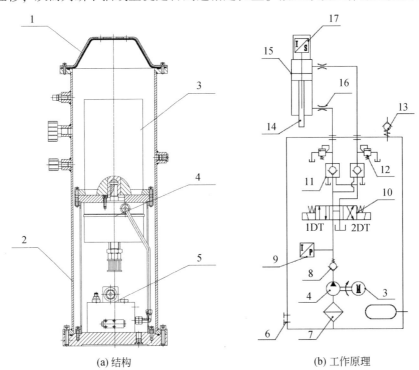

(a) 结构　　　　(b) 工作原理

图5-4　液压系统结构及工作原理

1. 压力补偿器，2. 液压站舱，3. 深水电机，4. 液压泵，5. 液压控制阀组，6. 充放油阀，7. 吸油滤油器，8. 单向阀，9. 压力传感器，10. 电磁阀，11. 单向阀，12. 安全阀，13. 排气阀，14. 液压杆，15. 液压缸，16. 油阻尼，17. 位移传感器

示，控制通信子系统发出指令信号，深水电机和液压泵启动。控制通信子系统控制电磁阀 2DT 通电，液压油经过单向阀和电磁阀，注入液压缸无杆腔使液压杆伸出。根据位移传感器和压力传感器测量到的液压杆位移及液压系统工作压力，判断声学探杆下插深度及贯入力。当声学探杆下插到设定深度时，深水电机和液压泵关闭。工作完成后，深水电机和液压泵再次启动，电磁阀 1DT 通电，高压油注入液压缸有杆腔，液压杆缩回，声学探杆上提，位移传感器检测到液压杆运动复位后，深水电机和液压泵停止，完成一个工作过程。对于工作水深为 6000m 的液压式海底沉积声学原位测量系统，液压系统选定的液压泵额定压力为 21MPa。

5.3.2 控制通信子系统

控制通信子系统主要包括水下和水上两部分，图 5-5 为采用光电复合缆进行通信时的控制通信子系统组成结构及与其他子系统接口。液压式海底沉积声学原位测量系统的控制

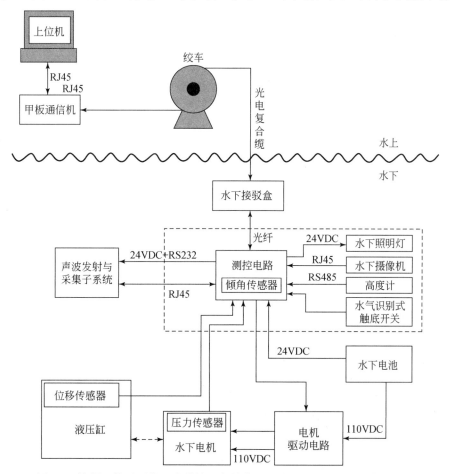

图 5-5 控制通信子系统组成结构及与其他子系统接口（以光纤通信为例）

单元设计考虑了实时控制和自容式控制两种工作模式，以满足调查船上光电复合缆的不同配置情况。如果调查船配备有光电复合缆，上位机通过光电复合缆连接水下接驳盒，并与下位机进行实时通信。操作人员通过上位机设置工作参数，并实现控制系统水下部分及其外围单元的实时控制，水下各传感器的测量数据同时传输至上位机，实现对水下过程与状态的监测。当调查船没有配备光电复合缆时，控制通信子系统可采用自容式控制工作模式。在自容式控制工作模式下，系统按照下水前预设的工作参数和采集到的各传感器的设备状态信号，实现液压贯入装置启动和关闭、声学探杆下插和上提、声波发射和采集、数据存储等。在自容式控制工作模式下，设备在水下的工作过程和状态信息将存储于状态文件中，待回收至甲板后，可以查看设备状态、工作过程、故障原因等相关信息。各部分结构和功能介绍如下。

（1）水下部分

水下部分包括水下接驳盒、电源转换板、水下测控电路及控制软件，以及多个传感器（倾角、压力、位移、水气识别式触底开关、照明、摄像等）等部分。其水下测控电路可以实现对组合式液压驱动贯入装置和声波发射采集单元的控制以及各种传感器信号的采集。水下测控电路安装在一个衬板上，并整体装入耐压舱。耐压舱前端盖内侧安装有电缆插头，外部通过水密接插件连接视频照明单元（水下照明灯和水下摄像机）、水气识别式触底开关、水下电机驱动电路、位移传感器、压力传感器、高度计、声波发射与采集子系统及锂电池组，并通过光纤水密接插件与光合复合缆中的通信光纤连接。测控电路的硬件主要包括 ARM 主控板、单片机接口板和电源转换板以及外围器件，电路整体结构设计如图 5-6 所示（Lv et al., 2019）。测控电路控制软件包括 ARM 主控板控制软件和单片机接口控制板下位机软件。

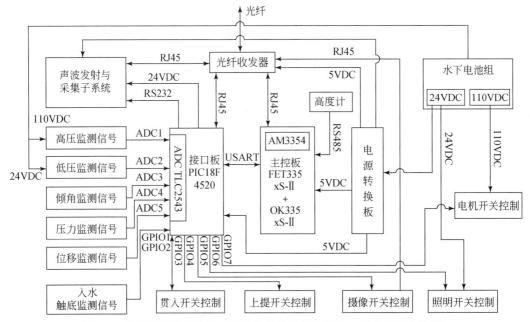

图 5-6　控制通信子系统水下部分电路整体结构设计（以光纤通信为例）

ARM 主控板包括 FET335xS-Ⅱ核心板和 OK335xS-Ⅱ底板。FET335xS-Ⅱ核心板集成 TI 公司的 Cortex-A8 处理器 AM3354，集成的 FLASH 存储器可满足嵌入式系统运行 Linux 操作系统的需求。OK335xS-Ⅱ底板自带一路 100M 以太网接口和五路通用同步/异步串行接发器（universal synchronous/asynchronous receiver/transmitter，UART）接口。以太网接口连接光纤收发器，用于 ARM 主控板与甲板上位机的通信，接收来自上位机的指令，并进行数据的上传。五路 UART 接口中，其中一路接口 RS485 连接高度计，检测设备距离海底的高度，作为坐底前控制行为的依据；另一路接口 USART 与单片机接口控制板连接，用于 ARM 主控板与单片机接口板之间的通信，其他三路作为冗余备份。

单片机接口板选用 Microchip 公司的 PIC18F4520 作为核心控制芯片，芯片上集成的串行外设（serial peripheral interface，SPI）接口连接 12 位的模数转换器（analog-to-digital converter，ADC），型号为 TLC2543，模数转换器 TLC2543 有 11 个接口，其中五个分别用于采集水下电池组高压传感器、水下电池组低压传感器、倾角传感器、压力传感器、位移传感器的监测信号。压力传感器采集液压泵油路压力，压力值可用于估算声学探杆贯入时的贯入力，从而辅助判断液压单元是否正常工作。位移传感器安装在液压缸中，用于检测液压杆的运行位置，利用检测值可实现对贯入深度和上提高度进行准确测量。倾角传感器直接固定在单片机接口控制板上，其 Z 轴与设备底座所在平面垂直，可检测设备在海底的倾斜情况；水下电池组高压传感器和低压传感器分别并联在 110VDC 和 24VDC 两组水下电池的输出端，用于检测水下电池的电量。PIC18F4520 作为核心控制芯片集成有两路 UART 接口，其中一路 RS232 与声波发射与采集单元连接，为发射与采集单元开始工作提供外触发信号，并接收测量结束后的反馈信号，另一路与 ARM 控制板板连接，用于单片机接口板与 ARM 主控板之间的通信。

单片机接口板设计有七路通用输入/输出（general-purpose input/output，GPIO）接口，其中五路输出开关信号，分别控制下插电磁阀（贯入开关控制）、上提电磁阀（上提开关控制）、直流电机（电机开关控制）、照明灯（照明开关控制）和摄像机（摄像开关控制），另外两路用于读取水气识别式触底传感器的入水和触底两个电平信号。在下插电磁阀和上提电磁阀的供电回路中分别串联一路固态继电器，控制板控制固态继电器的通断，来实现下插电磁阀和上提电磁阀的打开或关闭。摄像机和照明灯用于获取海底影像，可监视下插和上提过程，并辅助判定海底表层环境条件。水气识别式触底传感器为自主研发器件，具有入水和触底两个输出信号，可用于综合判断设备是否为水下触底状态，并作为触发自容式控制工作模式的依据。接口控制板上集成的 USART 主控同步串口通信模块，用于与 ARM 主控板进行实时通信。

电源转换板选用广州金升阳科技有限公司的两块 URB2405LD-20WR3，将控制舱输入的 24VDC 转换为 5VDC，其中一路 5VDC 给核心控制电路 ARM 主控板和单片机模拟采集与接口控制板供电，另一路 5VDC 给光纤收发器供电。电源转换板还使用一块 URB2412LD-20WR3，用于光耦继电器输出端及触底入水传感器供电。

ARM 主控板控制软件基于 Linux 操作系统设计，主要包括五个主要部分，各部分主要功能如下。

1）系统引导程序 Bootloader：用于初始化 ARM 控制板硬件和引导 Linux 操作系统内核。

2）Kernel：经裁剪的嵌入式 Linux 操作系统内核，Linux 运行的核心部分。

3）YAFFS2：负责 Linux 操作系统的文件管理。

4）Driver：Linux 底层驱动程序，包括 FLASH 驱动、以太网控制器驱动、串口驱动、USB 驱动、ADC 驱动、GPIO 驱动、MMC/SD 卡驱动程序等。

5）应用程序：ARM 主控板运行的主程序，该程序建立两路用户数据报协议（user datagram protocol，UDP）的套接字（socket）以太网通信链路，其中一路用于定时接收单片机接口控制板采集的各传感器数据，并将数据包上传给水上控制装置；另一路用于上位机对 ARM 主控板发送各项控制指令及设置系统参数。

单片机接口控制板下位机软件有自容式控制工作模式和实时控制工作模式两种，而自容式控制工作模式又分触底和延时两种工作模式，软件主程序流程如图 5-7 所示。进入主程序循环后，首先读取设置的系统参数，当读取到开始工作的指令标志后，软件判断按何种工作模式运行程序。此时程序开始实时上传并存储各传感器数据及工作状态。实时控制工作模式下，系统实时传输、记录和存储工作进程、工作状态以及各传感器数据，并与 ARM 主控板通过串口交互控制指令。自容式控制工作模式下，预设系统各项工作参数，系统在入水后首先判断是触底工作模式还是延时工作模式，然后按设定的参数自动开始工作，并将工作状态记录存储到 FLASH 存储器中，待设备完成工作回收到船上甲板后，进行数据的下载和回放。集成封装后的控制通信子系统水下部分如图 5-8 所示。

（2）水上部分

水上部分主要包括上位机和甲板通信机，甲板通信机为一套光电转换器，用于将经由万米光电复合缆传输上来的光信号转换为电信号，并通过网线输送至上位机，实现上位机和下位机的交互。上位机可选用带网口的笔记本电脑，上位机软件为水上部分的核心。通过上位机软件，可完成系统的调试和检查、系统的起停控制、系统通信端口设置、测量数据下载和管理、历史数据回放，以及水下视频的播放、存储等。

为了实现以上功能，把上位机软件分为数据通信模块、视频显示模块、数据显示模块、数据存储模块、水下控制模块五个模块组成，其功能如图 5-9 所示。其中，数据通信模块通过使用套接字来实现上位机软件与水下系统的实时通信，包括控制指令、实时数据、视频图像等，是其他模块与水下控制系统交互的桥梁和纽带。视频显示模块完成对水下摄像机上传视频信号的解码、实时显示、图像抓拍、视频存储；数据显示模块完成对应用层数据包的解析，获取相关传感器的测量值，水下控制系统工作状态等信息，并以图形、曲线、表格等形式显示；数据存储模块将水下控制系统自容式控制模式的工作状态以及传感器的数据存入数据库中，便于在需要时查看；水下控制模块通过向水下控制系统发送动作指令来控制水下系统完成水下照明灯、摄像机的开启关闭和声学换能器探杆的相关操作，包括开关电机，探杆上提、贯入，启动声波发射与采集子系统工作等操作。

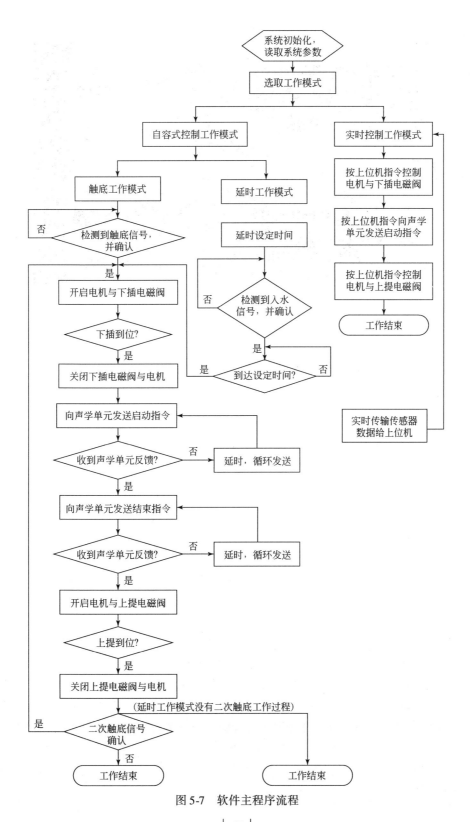

图 5-7　软件主程序流程

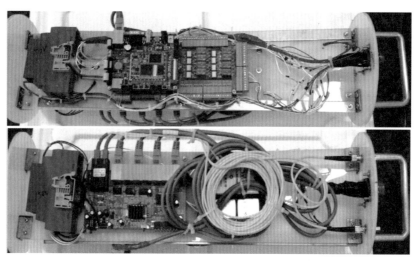

图 5-8 控制通信子系统水下部分

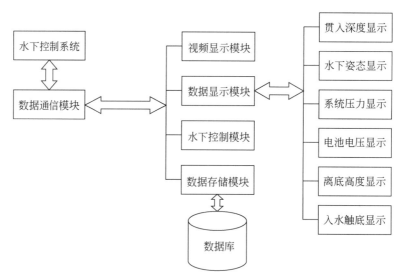

图 5-9 上位机软件功能

上位机软件主界面如图 5-10 所示，软件可用于可视化实时控制工作模式，也可用于自容式控制工作模式。用于可视化实时控制工作模式时，首先进入上位机软件"进程控制"菜单，选择"停止工作"，再将"参数设置"中工作模式选择为"在线"。点击"开始工作"，使可视化控制通信子系统开始工作于自容式控制工作模式。上位机软件自容式控制工作模式主要功能包括设置和读取工作参数。等设备着底后，系统根据预先设置的工作参数自动完成声学探杆下插、声波发射采集、数据存储、声学探杆上提等整个工作过程，等系统完成测量后回收至甲板，点击"结束工作"，下载自容式控制工作模式下记录的工作过程数据。

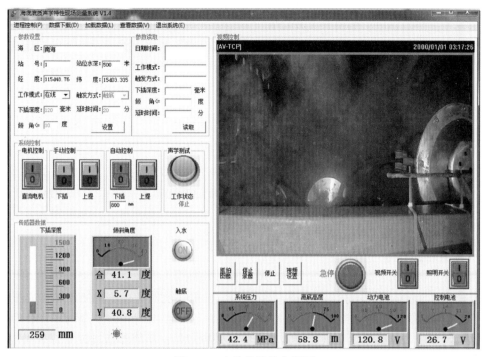

图 5-10　上位机软件主界面

如图 5-10 所示，软件分为"参数设置""参数读取""系统控制"与水下状态监测区（"传感器数据"）和"视频控制"五个区域。"参数设置"用来设置自容式控制工作模式下系统的工作参数，"参数读取"主要用来读取和显示系统的主要设置参数，以判断和确认参数设置是否正确。

在"系统控制"区域，可控制直流电机的开启，待直流电机运行平稳后，可开启或关闭控制声学探杆下插或上提的两路电磁阀。电磁阀控制方式分为手动控制和自动控制两种方式。手动控制下插和上提开启后，声学探杆运行过程中若要停止，需要点击手动控制按钮；而自动控制方式只需要设置探杆下插的固定位移值，当探杆到达设定位移值时，即可自动停住。声学测试按钮点击后，可视化控制通信子系统和声波发射与采集子系统建立通信，使声波发射与采集子系统开始工作，声学数据采集结束后则停止声波发射与采集子系统的工作。

在"传感器数据"区域，在可视化实时控制工作模式下可实时显示系统各项传感器数据与信号状态。传感器数据包括位移传感器测得的装有声学换能器探杆的下插或上提深度；倾角传感器测量的设备的倾斜角度；压力传感器测得的声学探杆下插或上提时产生的液压系统压力；高度计测得的设备距离海底的高度；两组电压传感器测得的动力电池与控制电池的电压值，以判断设备是否需要充电。此外，当系统判断到有触底或入水信号时，相应的指示按钮转变为点亮的"ON"，否则显示为灰色的"OFF"。每当水下可视化控制通信子系统有数据上传到上位机时，"倾斜角度"显示框下方的指示灯就会闪烁。

在"视频控制"区域，包括了视频显示界面及相应控制按钮。视频开关开启后，系统开始给视频服务器供电；照明开关开启后，则会给照明卤素灯供电。当系统工作出现严重异常工作状况时，可按急停按钮，对系统的所有部件进行断电，保证设备回归初始未上电状态，便于设备调试及海上试验时回收与检修。视频开关开启后，等待一段时间，即可连接网络视频服务器采集到清晰图像，并可使用视频录像和图像抓拍功能。

5.3.3 声学换能器子系统

声学换能器包括发射换能器和接收换能器两种类型，为满足 20 ~ 120kHz 的频率测量要求，研制了频率范围分别为 20 ~ 40kHz 的中频原位换能器和 40 ~ 120kHz 的高频原位换能器，其中 20 ~ 40kHz 的中频原位换能器分为浅水型和深水型两种，浅水型最大工作水深为 500m，深水型最大工作水深为 6000m。

（1）换能器结构

浅水型中频原位换能器分为发射换能器和接收换能器两种，两种换能器外形均为圆柱形，外径约为 50mm，长度约为 260mm（图 5-11）。发射换能器和接收换能器结构如图 5-12 所示，发射换能器和接收换能器的中心为直径 22mm 的中心承载轴，多个圆环形压电陶瓷管并排套装在中心承载轴上。换能器顶端安装有锁紧螺母，换能器通过锁紧螺母固定在声学探杆上，底端安装有贯入锥，可以减小换能器的贯入阻力。这种结构设计使换能器在下插到沉积物的过程中，贯入锥受到的下插反作用力直接作用到承载轴上，压电陶瓷管处于不受力状态，保护了压电陶瓷管，避免了贯入阻力对压电陶瓷管的影响。发射换能器和接收换能器能够承受的下插压力不小于 1.5t。为了提高发射换能器的发射响应和接收换能器的接收灵敏度，发射换能器为四个圆环形压电陶瓷管并联后套装在中心承载轴，接收换能器为四个圆环形压电陶瓷管串联后套装在中心承载轴。连接压电陶瓷管的信号电缆从发射换能器和接收换能器顶端中心引出，信号电缆周围灌封密封橡胶。压电陶瓷管与中心承载

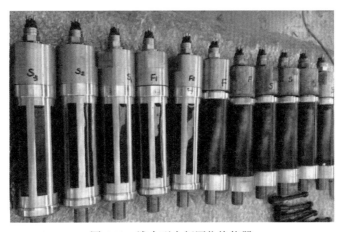

图 5-11 浅水型中频原位换能器

轴之间填充隔声橡胶垫，防止声波振动沿中心承载轴传播，压电陶瓷管外围灌封耐磨透声橡胶。

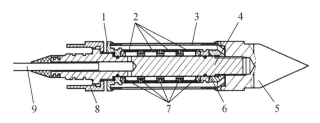

图 5-12 浅水型中频原位换能器结构

1. 前封堵环，2. 压电陶瓷管，3. 保护罩，4. 中心承载轴，5. 贯入锥，6. 后封堵环，7. 绝缘隔声圈，

8. 螺母，9. 信号电缆

深水型中频原位换能器结构如图 5-13 所示，其与浅水型中频原位换能器的主要区别在于：深水型中频原位换能器的尾部密封套上加工有两个注油孔，可通过注油孔向压电陶瓷内部空腔、压电陶瓷外部空腔加注低阻抗油，加满后，注油孔螺钉通过注油孔上的螺纹安装到注油孔上，注油孔螺钉的端面上安装有注油孔密封圈，防止低阻抗油在高水压下发生渗漏。当压电陶瓷内部空腔、压电陶瓷外部空腔加注低阻抗油时，压电陶瓷被低阻抗油全部包围，当换能器进入海水后，在透声橡胶套的弹性调节下，外部海水与内部空腔和外部空腔的低阻抗油达到压力平衡，低阻抗油施加在压电陶瓷的压力为均衡力，不会造成压电陶瓷单向受力而破裂，从而使换能器能够在深水高静水压力下工作。除此之外，其结构与浅水型中频原位换能器相同。

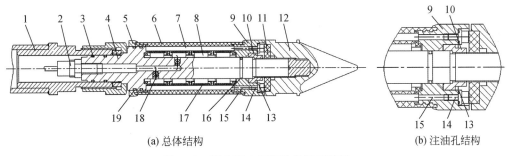

(a) 总体结构   (b) 注油孔结构

图 5-13 深水型中频原位换能器结构

1. 声学探杆，2. 水密接插件，3. 承载轴首部密封，4. 承载轴，5. 首部密封套，6. 透声橡胶套，7. 压电陶瓷
外部空腔，8. 压电陶瓷内部空腔，9. 尾部密封套，10. 定位环，11. 耐海水橡胶垫，12. 贯入锥，13. 注油
孔密封，14. 注油孔螺钉，15. 注油孔，16. 承载轴尾部密封，17. 压电陶瓷，18. 绝缘端子，19. 承载轴中
部密封

高频原位换能器外形为圆柱形，外径为 58mm。高频原位换能器结构如图 5-14 所示，高频原位换能器外形上虽然与中频原位换能器外形类似，但内部结构则不同。中频原位换能器的中心为一个承载轴，多个圆环形陶瓷管套在中心承载轴上。高频原位换能器是在实心圆柱形支架的中间加工出一个安装换能器陶瓷片基阵的凹槽，在底端加工出安装贯入锥

的螺纹轴，在顶端加工出与声学探杆相配套的导向轴。由多个陶瓷片基元组成的陶瓷片基阵封装在凹槽内，并用透声橡胶密封，使外辐射面与圆柱曲面平齐。换能器顶端安装有锁紧螺母，换能器通过锁紧螺母与声学探杆紧固安装。底端安装有贯入锥，以减小下插阻力。高频原位换能器用于发射和接收声波的基阵由八个陶瓷片基元组成，两行并排，每行四个基元，每个基元由多个方形陶瓷片（称为陶瓷片振子）垂向叠合而成。高频原位换能器分为两个频段，分别为 40~60kHz 和 60~120kHz。两个频段换能器使用相同规格的陶瓷片振子，只是每个基元所使用的陶瓷片振子个数不同。40~60kHz 频段换能器每个基元由 10个陶瓷片振子组成，60~120kHz 频段换能器每个基元由 4 个陶瓷片振子组成（图 5-15）。

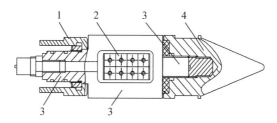

图 5-14　高频原位换能器结构
1. 螺母，2. 换能器陶瓷片基元，3. 换能器支架，4. 贯入锥

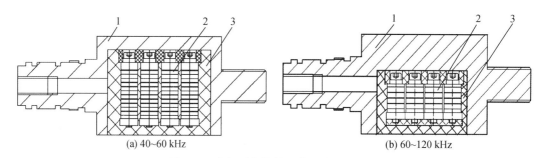

(a) 40~60 kHz　　　　　　　　　(b) 60~120 kHz

图 5-15　高频原位换能器陶瓷片基阵结构
1. 换能器支架，2. 陶瓷片振子，3. 透声橡胶

（2）发射换能器的发射响应

中频原位换能器的发射响应曲线如图 5-16 所示。浅水型中频原位换能器在 20~40kHz 工作频带内的发射响应位于 137~148dB $re.$ 1μPa/V，在中心频率 30kHz 处的发射响应约为 148dB $re.$ 1μPa/V。深水型中频原位换能器在 20~40kHz 工作频带内的发射响应位于 135~150dB $re.$ 1μPa/V，在中心频率 35kHz 处的发射响应约为 150dB $re.$ 1μPa/V。

高频原位换能器的发射响应曲线如图 5-17 所示，在 40~60kHz 工作频带内的发射响应位于 152~158dB $re.$ 1μPa/V，在中心频率 44kHz 处的发射响应约为 158dB $re.$ 1μPa/V；在 60~120kHz 工作频带内的发射响应位于 152~163dB $re.$ 1μPa/V，中心频率 100kHz 处的发射响应约为 163dB $re.$ 1μPa/V。

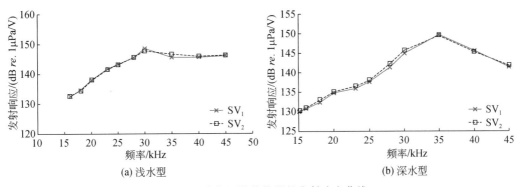

(a) 浅水型   (b) 深水型

图 5-16 中频原位换能器的发射响应曲线

SV_1 和 SV_2 指测试了两个同类型的换能器

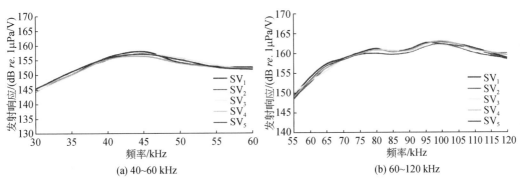

(a) 40~60 kHz   (b) 60~120 kHz

图 5-17 高频原位换能器的发射响应曲线

$SV_1 \sim SV_5$ 指测试了 5 个同类型的换能器

（3）接收换能器的接收灵敏度

中频原位换能器的接收灵敏度曲线如图 5-18 所示。浅水型中频原位换能器在 20 ~ 40kHz 工作频带内的接收灵敏度位于 $-193 \sim -185$dB $re.\ 1V/1\mu Pa$，中心频率 25kHz 处的接收灵敏度为 -185dB $re.\ 1V/1\mu Pa$。深水型换能器在 20 ~ 40kHz 工作频带内的接收灵敏度均高于 -193dB $re.\ 1V/1\mu Pa$。

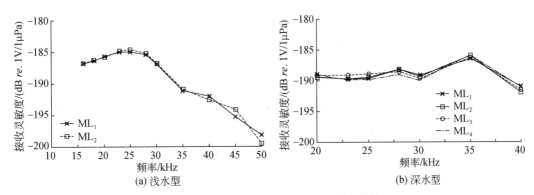

(a) 浅水型   (b) 深水型

图 5-18 中频原位换能器的接收灵敏度曲线

$ML_1 \sim ML_4$ 指测试了多个同类型接收换能器的灵敏度

高频原位换能器的接收灵敏性曲线如图 5-19 所示，在 40 ~ 60kHz 工作频带内的接收灵敏度位于 –192 ~ –188dB *re.* 1V/1μPa，在 60 ~ 120kHz 工作频带内的接收灵敏度位于 –195 ~ –188dB *re.* 1V/1μPa。

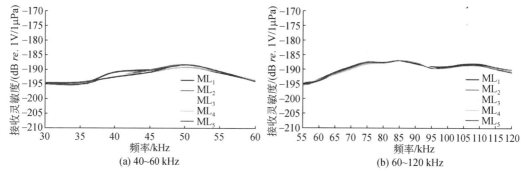

(a) 40~60 kHz　　(b) 60~120 kHz

图 5-19　高频原位换能器的接收灵敏度曲线

ML₁ ~ ML₄ 指测试了多个同类型接收换能器的灵敏度

（4）发射换能器和接收换能器的指向性

中频原位换能器水平指向性如图 5-20 所示。图 5-20 中显示，无论深水型还是浅水型，中频原位换能器在水平方向上（径向）的发射响应和灵敏度均起伏很小，即水平方向上为全向性水听器。

因为采用了嵌入式多基元结构，高频原位换能器的发射和接收性能具有明显的指向性，其在径向上，沿基元排列方向的发射和接收性能最强，且随着频率增加，指向性增强，开角逐渐减小（图 5-21）。使用高频原位换能器时，为保证良好的发射和接收效果，应使发射换能器的发射面指向接收换能器的接收面，并对换能器的指向性进行校正。

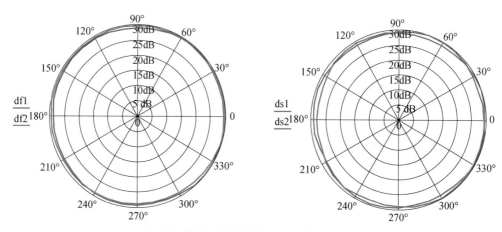

(a) 浅水型中频原位换能器发射（左）和接收（右）指向性

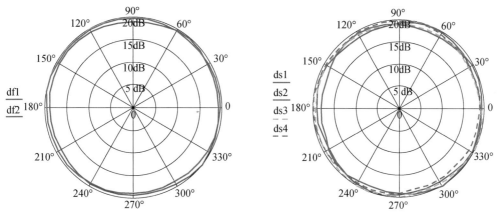

(b) 深水型中频原位换能器发射（左）和接收（右）指向性

图 5-20　中频原位换能器水平指向性

df1 和 df2、ds1 ~ ds4 指测试了多个同类型换能器的指向性

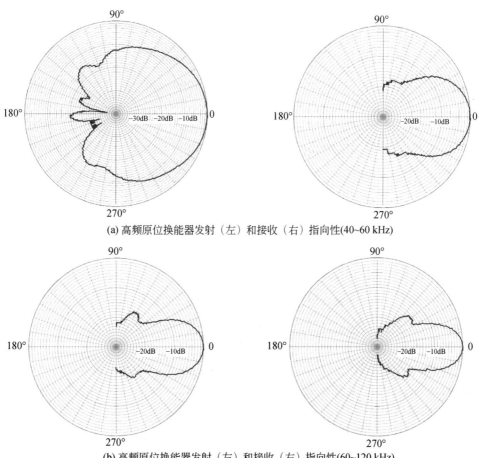

(a) 高频原位换能器发射（左）和接收（右）指向性(40~60 kHz)

(b) 高频原位换能器发射（左）和接收（右）指向性(60~120 kHz)

图 5-21　高频原位换能器指向性

5.3.4 声波发射与采集子系统

声波发射与采集子系统的水上部分与控制通信子系统共用光电转换器和通信光纤，但具有独立的上位机软件。水下部分由总控及通信模块、AD/DA（模数/数模）模块、发射接收模块、电源模块四个电路模块组成（四块电路板），分别完成子系统总控及通信、AD/DA 转换、发射与接收放大、电源转换等主要功能，电路系统整体结构设计如图 5-22 所示。基于 FPGA 的总控及通信模块主要用于对声波发射与采集子系统的各种控制以及与触底传感器单元和上位机的各种通信。AD/DA 模块主要用于三路 DA 信号（一路超声脉冲/正弦触发信号、一路脉冲发射电压控制信号、一路正弦发射电压控制信号）的产生以及对三路接收信号的高速采集（AD 转换），另外一路冗余备用。发射接收模块主要用于超声脉冲/正弦触发信号的发射驱动以及三路声波接收信号的滤波放大。电源模块主要用于 DC-DC 电源转换电路，为整个系统提供各种所需电源。

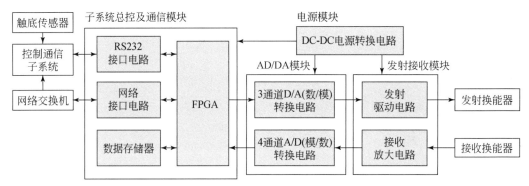

图 5-22　电路系统整体结构设计

当系统工作于有光电复合缆连接的远程实时控制工作模式时，FPGA 通过网络接口电路连接网络交换机，实现与声波发射与采集单元上位机之间的通信，从而实现声波发射参数（如发射波形、频率、周期数等）和高速采集参数（如采样延时、采样长度等）的设置、声波的发射接收控制、采集存储及高速传输等。当系统工作于无光电复合缆连接的自容式控制工作模式时，FPGA 通过 RS232 接口电路接收到来自触底传感器单元的启动工作命令后开始工作，并将采集到的接收信号数据存储在数据存储器中，待设备回收至甲板后，通过专用通信光纤将设备与上位机连接，即可读出数据。

（1）总控及通信模块

总控及通信模块的电路原理如图 5-23 所示。声波发射和采集单元外围电路的电源控制、AD/DA 控制、发射通道控制、接收放大中的数字电位器控制、接收和判断触底传感器信号以及与上位机的网络接口通信等均由 FPGA 完成。FPGA 主控板通过网络接口与上位机（或交换机）连接，不仅可实现声波发射参数（如发射波形、频率、周期数）和高速采集参数（如采样延时、采样长度）的设置，而且可实现 FPGA 接收信号采集数据的高速、远距离传输。

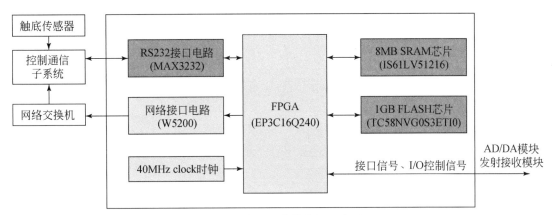

图 5-23　总控及通信模块的电路原理

　　根据系统的实际功能需求，总控及通信模块电路主控板选用了 Altera 公司的新一代高端 CYCLONE3 系列 FPGA 芯片 EP3C16Q240 作为主控芯片，该芯片含有 15 408 个逻辑单元（logic elements，LES）、56 个容量为 9K 的 Memory 块、160 个用户可用 I/O（输入/输出）口，而且内部集成了四个可产生不同核心频率的时钟锁相环（phase locked loop，PLL），其稳定工作频率可达 200MHz 以上。为了实现多通道接收波形的高速实时采集，FPGA 外接了一个 8MB 的高速静态随机存取存储器（static random-access memory，SRAM）缓存芯片和一个 1GB 的大容量 NANDFLASH 存储芯片，每次采集时，FPGA 先将采集到的波形数据高速缓存到 SRAM，待采集结束后再将整个波形数据从 SRAM 中读出转存到 NANDFLASH 中，从而实现多站位、多次测量波形的数据存储，并且断电后也不会丢失数据。

　　（2）AD/DA 模块

　　AD/DA 模块的电路原理如图 5-24 所示。图 5-24 中共有三个 DA 输出通道和四个 AD 输入通道。其中，三个 DA 输出通道中的前两个通道为低速通道，分别用于脉冲波和正弦波发射驱动电源的电压控制，后一个通道为采用了 12 位、转换速率为 100MSPS（每秒百万次采样）的高速 DA 芯片 AD9762 的高速通道，用于产生频率精确控制的声波发射信号。四个 AD 输入通道采用了 12 位、20MSPS/40MSPS/65MSPS 的双通道 ADC 芯片 AD9238。液压式海底沉积声学原位测量系统共有三个声波接收通道，因此四个 AD 输入通道中的三个用于三通道声波接收信号的采集，另一个通道直接与 DA 的一路输出通道相连接，直接采集发射单元输出的发射激励信号。三个 DA 输出通道和四个 AD 输入通道均添加了信号调理电路，根据系统的实际使用要求对输入输出信号进行滤波、幅度转换、电平转换等信号调理。

　　（3）发射接收模块

　　发射接收模块用于声波信号的发射驱动及接收放大。多通道发射驱动电路原理如图 5-25 所示，发射驱动电路分脉冲发射电路和正弦发射电路两种。脉冲发射电路和正弦发射电路

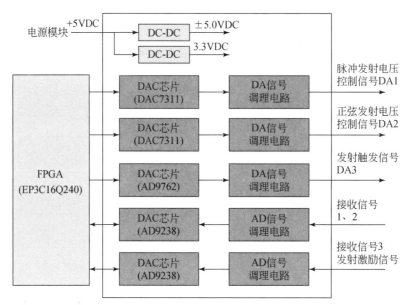

图 5-24　AD/DA 模块的电路原理

采用不同的电路结构与发射电压,其目的是提高换能器的发射性能。其中,脉冲发射电路根据发射电压的不同分为 0 ~ 400V、400 ~ 1000V 两个发射通道,0 ~ 400V 发射通道采用高速高压场效应管 IRFC30 进行驱动,400 ~ 1000V 发射通道采用高速高压场效应管 IRG7PKP35UD1PDF 进行驱动,正弦发射电路只有一个发射通道。FPGA 根据上位机的波形参数设置命令,通过电子开关(继电器)自动进行切换。两种发射电路的电源电压控制均由 FPGA 控制 DA 电路的 DA 输出来实现。发射驱动电路与发射换能器之间均采用了阻抗匹配。多通道接收放大电路原理如图 5-26 所示。三个接收信号放大通道分别与三个接收换能器相对应,其电路结构相同,均采用三级放大的形式,包括前面一级带数字电位器(ISL22414 型号)可增益前置放大器、中间一级有源滤波器和最后一级主放大器。为了提

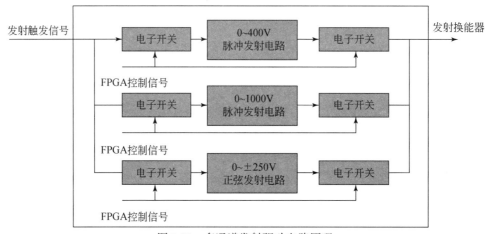

图 5-25　多通道发射驱动电路原理

高接收电路在不同频率下的适应性，有源滤波器采用了由两个四阶 RC 低通滤波器组成的有源巴特沃斯（Butterworth）滤波器芯片（LTC1563-2 型号），通过改变外接电阻的阻值，可实现不同滤波频率的控制，实现工作频率从 100Hz 到 200kHz 的变化。

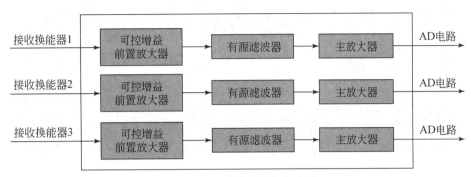

图 5-26　多通道接收放大电路原理

（4）电源模块

电源模块为总控及通信模块、AD/DA 模块、发射接收模块提供各种电源，其电路原理如图 5-27 所示。图 5-27 中，0～1000V 直流输出 DC-DC 模块以及 0～±250V 直流输出 DC-DC 模块为脉冲波与正弦波的发射提供高压驱动电源；低压+5V 输出 DC-DC 模块为 FPGA 主控电路、AD/DA 电路及发射接收电路等提供电源。为了降低整个声波测试系统的功耗，除 FPGA 主控电路始终供电外，其他电路的电源均由 FPGA 控制，只有在需要的情况下才会开启电源。

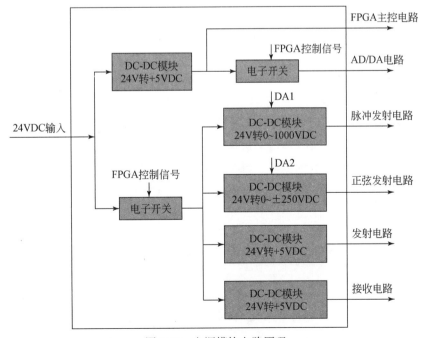

图 5-27　电源模块电路原理

上述硬件模块集成安装在一个衬板上，然后封装在耐压舱内（图 5-28）。声波发射与采集子系统通过耐压舱盖上的水密插头与发射换能器和接收换能器以及控制通信子系统相连。

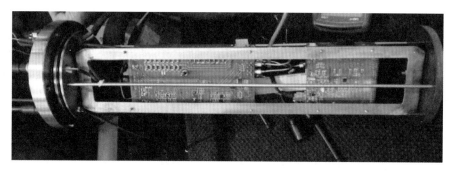

图 5-28　声波发射与采集子系统硬件电路板

（5）系统软件设计

整个声波发射与采集子系统的软件包括 FPGA 芯片中的 VERILOG 软件和上位机软件。VERILOG 软件主要实现超声触发信号的产生、三通道 DA 输出、四通道高速 AD 输入、数据存储、电源控制、发射驱动通道控制、系统参数设置、采集数据网口传输、自动增益控制等功能。上位机软件主要实现系统参数设置、采集数据网口传输、波形显示处理、声参数的测量等功能。

为实现声波发射与采集子系统的高性能、低功耗，除在硬件设计上尽可能地采用高性能、低功耗的器件外，在软件中根据实际工作过程采取一系列的技术措施，如采用电源控制技术来降低整个声波测控系统的功耗，采用 DDS（直接数字频率合成）技术来实现声波触发信号脉冲宽度或频率的精确控制，采用自动增益控制使接收信号的幅度保持在最佳的幅度范围等。通过上位机软件对声波发射与采集单元的各种参数（如声波发射频率、发射周期数、发射电压、接收信号的采样率等）进行设置。设置结束后，FPGA 随时等待来自上位机或触底传感器单元的开始工作命令，一旦接收到开始工作命令就同步开始超声触发信号的产生和接收信号的采集。由于采样速率高（最高20MSPS）、通道数多（4 通道），为了保证采集数据的完整性，不至于因为传输速度跟不上而丢失数据，FPGA 在信号采集时，先将同步采集的四个通道的模数转换器（ADC），数据以循环排列方式缓存到高速 SRAM，待整个接收信号采集结束后，再把 SRAM 中的整个波形数据取出并转存到 NANDFLASH 中。整个采集、存储过程结束后，上位机可随时向FPGA 发送数据读取命令，FPGA 接收到数据读取命令后，将 NANDFLASH 中的指定波形数据读到内部 RAM 并通过网络接口传送给上位机，最后由上位机进行波形显示及信号处理并完成声参数的计算。

声波发射与采集电路对发射声波信号的要求高，不仅要求发射信号频率连续可调，而且要求发射信号的波形、长度等都可进行设置。鉴于上述要求，在 FPGA 软件中采用了DDS。DDS 是一种从相位概念出发直接合成所需波形的全数字频率合成技术，同传统的频率合成技术相比，DDS 具有极高的频率分辨率和极快的变频速度、变频相位连续、相位噪声低、易于功能扩展和全数字化集成、容易实现对输出信号的多种调制等优点。基于 FPGA 的声波触发信号发生软件原理如图 5-29 所示。

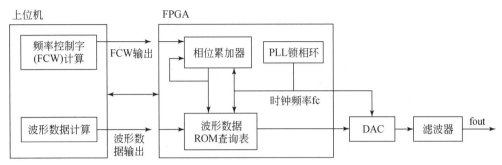

图 5-29 基于 FPGA 的声波触发信号发生软件原理

图 5-29 中，上位机先根据所需发射的声波频率及波形计算出频率控制字（FCW）和对应波形的 ROM 查询数据表，并将其传送给 FPGA；然后 FPGA 根据波形长度、FCW、通过锁相环（PLL）设定的系统时钟频率 fc、数模转换器（DAC）、滤波器电路等产生所需的声波触发信号。

上位机软件主要用于测量时对声波测控系统的各种测量参数进行控制以及测量数据的即时显示、分析、储存和回放等，其主界面如图 5-30 所示。通过上位机软件可以对脉冲/

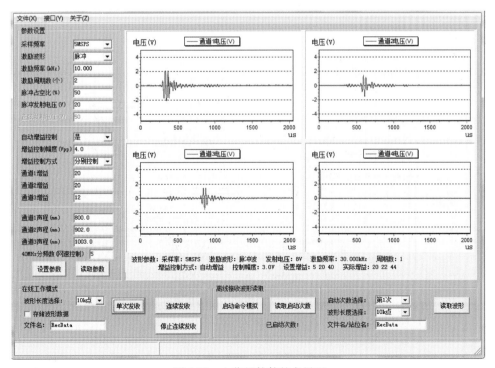

图 5-30 上位机软件的主界面

正弦触发波形、触发频率、触发长度、采样率等设置，而且可以对有光电复合缆连接的可视化实时控制工作模式和无光电复合缆连接的自容式控制工作模式以及自动增益控制方式进行选择等。

5.4 压载式海底沉积声学原位测量系统

压载式海底沉积声学原位测量系统的控制通信子系统、声学换能器子系统、声波发射与采集子系统和液压式海底沉积声学原位测试系统完全相同，只是在机械承载平台和换能器贯入方式上与液压式海底沉积声学原位测试系统有所区别，压载式海底沉积声学原位测量系统依靠仪器自身重量通过压载贯入的方式将声学换能器探杆快速贯入至海底沉积物中。压载式海底沉积声学原位测量系统作为液压式原位系统的一种扩展类型，在本节对压载式原位系统的结构组成和主要技术参数进行简要介绍。压载式海底沉积声学原位测量系统的外形如图 4-8 所示，其机械承载平台结构如图 5-31 所示，主要包括机械支架、活动压盘、活动压盘导向杆、声学探杆、声学换能器、配重铅块、耐压舱、位移传感器、入水传感器、触底传感器等（Wang et al., 2018a）。四个声学探杆通过法兰和紧固螺丝固定在长方形活动压盘的四个角，其中一个安装发射换能器，用于发射声波，另外三个安装接收换能器，用于接收由发射换能器发射的、经沉积物传播的声波。测量过程中，使用船载绞车将设备快速吊放至海底，机械框架触底后停留在海底，而活动压盘和配重铅块顺势向下俯冲，依靠其自重和快速着底的冲击力将四个声学换能器探杆贯入沉积物中，进行海底沉积

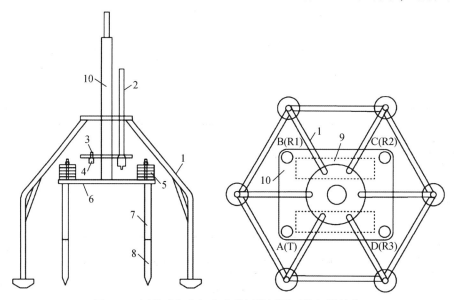

图 5-31 压载式海底沉积声学原位测量系统机械结构
1. 机械支架，2. 位移传感器，3. 触底传感器，4. 入水传感器，5. 配重铅块，
6. 活动压盘，7. 声学探杆，8. 声学换能器，9. 密封舱，10. 活动压盘导向杆

资料来源：Wang 等 (2018a)

物声学特性测量。因此，称之为压载式海底沉积声学原位测量系统。压载式海底沉积声学原位测量系统也是一种采用横向测量方式的沉积声学原位设备。在海底测量过程中，系统活动压盘上安装有小型柱状取样器，可同步获取一定长度的柱状样品。测量结束后，利用船载绞车将设备提升回收至甲板。

　　压载式海底沉积声学原位测量系统同样具有自容式控制和可视化实时控制两种工作模式。系统采用自容式控制工作模式时，入水前需要在甲板预设工作参数（包括发射电压、采样频率、采样长度、发射脉宽等），入水后系统根据入水传感器和触底传感器采集的状态数据自动判别入水和触底信号，进而控制声波发射、采集、存储等。系统采用可视化实时控制工作模式时，甲板工控机通过光电复合缆与设备密封舱内的监控模块进行连接，工控机可以在线实时获取系统在水下或海底的状态信号，并根据采集到的系统状态信息，设定声学发射和采集参数，在线进行声波信号的发射、采集和存储等。目前该系统最大工作水深为 6000m，最大测量深度为 0.8m，测量频率与液压式海底沉积声学原位测量系统完全相同，为 20 ~ 120kHz。

第6章 | 地声反演技术

6.1 概　　述

海底地声属性参数的测量方法分为直接测量和间接测量两种。第3～5章介绍的海底沉积物地声属性取样测量技术和地声属性原位测量技术均属于直接测量方法。直接测量获得的是海底沉积物局部小尺度的地声属性，而且受测量尺度的限制，采用直接测量获得1kHz以下低频的沉积物地声属性比较困难。地声反演技术是一种间接测量获取海底沉积物地声属性的方法，它可以快速获取大尺度范围的海底地声属性参数。另外，地声反演技术在获取中低频（尤其是小于1kHz的低频）地声属性方面具有显著的优势。

地声参数反演就是从声场的直接测量中进行逆推导，得到地声参数在一定距离范围内的等效值。这些地声参数包括沉积层和基底的声速、密度、声衰减系数和剪切波速度与衰减系数以及沉积层厚度等。地声参数反演实际上是一个多维的最优化问题，它包括下面紧密相连的四个部分（杨坤德，2003）。

1) 目标函数（代价函数）的合理选取。目标函数反映的是声场实际观测数据和理论计算数据之间匹配关系的代价函数。目标函数的确定包含以下几个基本内容：匹配物理量的选取及目标函数的建立、海洋环境参数模型的建立、反演参数的先验信息及上下边界、反演参数的敏感性分析等。

2) 用来进行理论声场快速、准确计算的正演模型（声场计算模型）。参数反演过程中，需要反复地进行声场计算，其运行的快慢直接影响整个反演过程的速度。同样，模型计算的精度也会严重影响反演结果的可信度。因此，要求正演模型必须计算快速且精确。

3) 用来搜索待反演参数最优值的全局高效搜索算法。搜索算法是地声参数反演的一个重要组成部分，是关系反演结果可靠性和计算效率的重要因素。利用遗传算法（genetic algorithm，GA）、模拟退火算法（simulated annealing algorithm，SA）或以遗传算法和模拟退火算法为主体构造的混合优化算法作为搜索算法，是目前国际上流行的全局搜索设计思路。

4) 反演结果的唯一性和不确定性分析。在实际的地声参数反演中，目标函数常常具有众多局部极值，获得全局最优解往往比较困难。因此，要获得有说服力且可信的反演结果，需要对反演结果的唯一性和不确定性进行分析，也就是需要用统计的方法来说明反演结果的合理性。地声参数反演的流程如图6-1所示（张学磊，2009）。

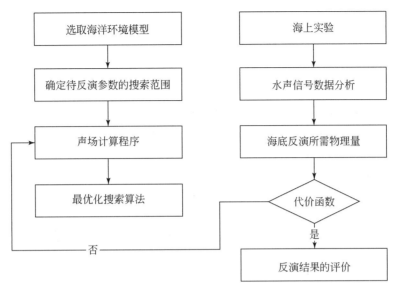

图 6-1　地声参数反演的流程

资料来源：张学磊（2009）

6.2　地声反演主要步骤

6.2.1　海洋环境参数及搜索范围的确定

海洋环境参数可以分为三类（Huang and Hodgkiss，2004）：观测系统几何参数、地声参数、水体参数。观测系统几何参数包括声源与接收器之间的距离、声源深度、水深等。地声参数包括沉积层声速、声衰减系数、密度、沉积层厚度和基底的声速、声衰减系数、密度等。水体参数包括海水声速剖面或经验正交函数（empirical orthogonal function，EOF）系数（LeBlanc and Middleton，1980；何利等，2006）。在地声反演中，海水声速剖面往往是已知参数，仅在海水声速剖面不便于实时测量时，海水声速才会出现在待反演的参数中。

海底地声参数反演作为一个多参数的最优化问题，待反演参数的搜索范围需慎重选择，若选取范围过窄，则会导致真值在寻优区间之外，进而造成整个反演过程的失败。若选取范围过宽，则会导致目标函数产生众多局部极值，从而无法获得全局最优值，同时也会浪费大量的计算时间。观测系统几何参数的搜索范围可根据测量误差来确定，即搜索范围为测量值和误差之和。地声参数的数值一般不容易直接获得，可首先通过对海底沉积物取样和物理性质测试来获取海底沉积物物理性质的样本参数，如孔隙度、颗粒直径等。然后在得到海底沉积物理性质信息的情况下，可通过适合研究海区的地声参数和物理性质经验关系公式获取声速、密度等地声参数，从而确定其搜索区间。

6.2.2 海洋环境参数模型的选取

海洋环境参数模型的选取是进行反演的前提条件，选取的正确与否直接关系到反演结果的准确性。从应用的角度考虑，所选取的海洋环境参数模型应尽可能地简单，但又包含对声场有重要影响的主要物理量，而且还能解释实验现象。在地声反演的三类海洋环境参数中，地声参数选取最为复杂。针对地声参数模型的选取问题，国际上举行了两次研讨会，分别是1997年召开的"水平不变环境下海底参数反演专题讨论会"（Tolstoy et al., 1998）和2001年召开的"水平变化环境下海底参数反演讨论会"（Chapman et al., 2003）。在1997年的研讨会中，共对6种水平不变分层海底模型（每种又包含3种子类型，因此共有18种类型）进行了讨论，并比较了各种反演方法及结果，其中最具代表性的3种模型如图6-2所示，一般情况下可以用这3种模型得到很好的结果（Zhang et al., 1998）。

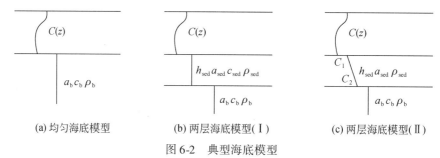

(a) 均匀海底模型　　(b) 两层海底模型(Ⅰ)　　(c) 两层海底模型(Ⅱ)

图 6-2 典型海底模型

$C(z)$ 为海水层声速，C_1 为沉积层上边界声速，C_2 为沉积层下边界声速，c_{sed} 为沉积层声速，h_{sed} 为沉积层厚度，a_{sed} 为沉积层声衰减系数，ρ_{sed} 为沉积层密度，a_b 为基岩声衰减系数，c_b 为基岩声速，ρ_b 为基岩密度

资料来源：Tolstoy 等（1998）

在2001年的研讨会中，对3种海底模型进行了讨论，依次为斜下坡模型、陆架坡折模型、水平海底非均匀海底底质模型，如图6-3所示。

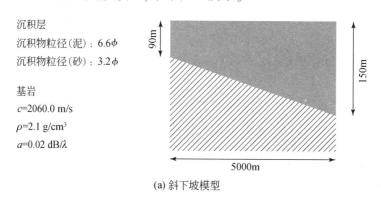

沉积层
沉积物粒径（泥）：6.6ϕ
沉积物粒径（砂）：3.2ϕ

基岩
$c=2060.0 \text{ m/s}$
$\rho=2.1 \text{ g/cm}^3$
$a=0.02 \text{ dB}/\lambda$

90m　　150m　　5000m

(a) 斜下坡模型

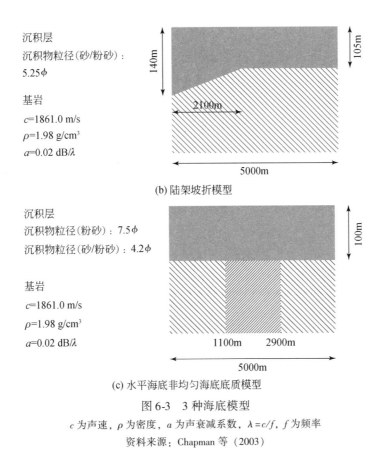

图 6-3　3 种海底模型

c 为声速，ρ 为密度，a 为声衰减系数，$\lambda = c/f$，f 为频率

资料来源：Chapman 等（2003）

6.2.3　代价函数的构建

由于野外观测数据类型的不同，反演所选取的代价函数中的物理量也有所不同，因此反演方法多种多样，包括基于海洋环境噪声空间结构特性的反演、基于模式群速度分布特性的反演、基于声传播旅行时的反演、基于声传播损失的反演、基于脉冲波形的反演以及基于声场空间相关特性的反演，等等。

基于海洋环境噪声空间结构特性的反演利用了在浅海环境中声传播过程与海底和海面进行了多次作用，环境噪声场的空间特性强烈地依赖于海底地声属性的特点。在特定海域中，噪声场的垂直方向性和垂直相关性相对比较稳定，其相关函数是互谱密度矩阵的归一化形式，随海况变化很小。这种不变性能反映海底参数的不变性，可用于对海底参数的反演（张学磊，2009）。

基于模式群速度分布特性的反演是根据不同频率不同阶次简正波的模式群速度不同，在浅海环境中，高频成分往往先到达，低频成分由于和海底相互作用而后到达，这种群速度分布特性可以用来反演地声参数，尤其是低频成分的高阶模式对沉积层参数的反演十分重要。

基于声传播旅行时的反演利用声线在海水中传播时所携带着海洋环境的信息——声线的到达时间，给出了海水声速反演所需的信息。由于其内在的明确的物理意义和其简单易行性，基于声传播旅行时的反演在声学反演领域（特别是深海环境中）应用较为广泛。

基于声传播损失的反演主要是根据海水中声传播过程中的能量损失来反演海底地声参数。通过调节地声参数的值，使得在不同距离上计算的传播损失之差的标准偏差达到极小值，从而获得海底地声参数的估计值。目前已实现在已估计得到海底声速的条件下，根据传播损失来反演海底衰减系数，由此获得衰减系数与频率的变化关系（李风华和张仁和，2000）。

基于脉冲波形的反演通过改变声速和密度等参数，使实际测量与正演计算得到的声信号脉冲波形的相关性达到极大值，实现海底地声参数的反演。由于声信号的脉冲波形在海水中传播时衰减很快，因此该方法适合近场海底地声参数的反演。

除此之外，还有很多反演目标函数建立的方法，广义上来说，只要与待反演的海洋环境参数相关联的物理现象都可用于参数的反演，如海底混响、声场空间相关特性等。

6.2.4 地声反演中的声场计算方法确定

在地声反演中，主要采用两种方法来实现声场的正演计算：一种是射线理论，在高频情况下，可以把声波看成声射线束，研究声场中声强随射线束的变化；另一种是波动理论，研究声信号的振幅和相位在声场中的变化。两种理论方法各有优点，在实际应用中可根据需要进行选择。根据所选择的正演计算方法的不同，地声反演又可以分为基于射线理论的反演和基于波动理论的反演。

6.2.4.1 基于射线理论的反演

在近场测量的情况下，用射线理论进行浅海环境参数尤其是海底参数的反演比较合适。在这种情况下，声场可以用平面波的叠加来描述，并将从测量数据中提取的不同掠射角情况下对应的海底平面波的反射系数作为代价函数的物理量，进而实现海底地声参数反演。典型的实验配置是采用无指向性声源向海底发射声波，用拖曳于声源后的多基元接收阵列接收海底的反射声波。

射线法虽然是在实际声源波长范围内声速平缓变化的限制条件下的波动方程的高频近似解，但在很多情况下，射线法可以十分有效和清晰地解决海洋中的声场问题，具有计算速度快、物理图像清楚的特点。射线法主要的适用范围为高频、近场、深海，现有的射线程序有 BELLHOP、RAY、GAMARAY。

6.2.4.2 基于波动理论的反演

如果接收阵离声源较远，受浅海环境声波传播路径不唯一的影响，分离与海底作用的特征声线十分困难，因此需要采用基于波动理论的全声场信息进行反演。为了得到一般条件下的解，需对波动方程进行一定假设，允许对波动方程在一定条件下进行数学变换和简化。按照所采用的数学变换形式的不同，又可分为简正波法、抛物方程法、波数积分法、有限差分法和有限元法等。

（1）简正波法

简正波法首先采用一个适合于所讨论问题的可分离的坐标系（通常利用柱坐标系），然后将声场表示为一系列的深度相关本征函数之和的形式，从而进行亥姆霍兹（Helmholtz）方程求解。简正波法可以细致、精确地描述声场，并很快地计算低频声场。这种方法本质上只适用于与距离无关的波导，但在允许模式耦合（即模式之间可以互相交换能量）或绝热近似的情况下，可以在水平变化的波导中使用。在求解波动方程过程中，简正波模型常常会忽略侧面波的影响而造成近场的精度降低。当波导中存在的简正波号数太多时，会导致计算速度很慢，在高频和深海的情况下均会出现此问题。因此，简正波法主要适用于低频、远场和浅海波场。

（2）抛物方程法

抛物方程法采用数学近似方法，将水平变化环境的亥姆霍兹方程转化为一个抛物方程，将求解亥姆霍兹方程的纯边界问题转换为求解一个初始值问题，从而得到亥姆霍兹方程的解。尽管抛物方程法考虑了声波的衍射以及各号简正波的耦合效应，但抛物方程法一般不包括能量的反向散射，因而在高频和复杂环境下（如弹性介质）也存在计算速度慢的问题，同时还需要用户具有大量使用经验（如要进行收敛实验，以确保得到稳定解）。许多抛物方程模型还受到相位误差的困扰（相位误差随距离的增大而累积增大），已有的程序包括 PE、RAM、PE Can 等（Brooke et al.，2001；Collins，2012）。

（3）波数积分法

波数积分法又称快速声场程序（fast field program，FFP）法，该方法是利用积分变换来求解水平分层波导中的亥姆霍兹方程，利用快速傅里叶变换（fast Fourier transform，FFT）来求解水平波数谱。众所周知，它可以求解不同频率下的"精确"解。波数积分法很重要的特色就是可以对近场进行精确的描述，以及能够精确地包含弹性边界的效应，但是该法难以处理水平变化声道中的声传播问题。尽管结合有限元法波数积分法也可以处理与距离相关的问题（Schmidt，1995），但计算速度非常缓慢。已有的程序包括 SAFARI、OASES、SCOOTER。

（4）有限差分法和有限元法

有限差分法和有限元法是通过离散化技巧来求解亥姆霍兹方程。它可以在复杂声场条件下，精确计算出非均匀流–弹性介质中的双向波动方程的解。通常在必须考虑边界散射情况的边界问题中应用有限差分法和有限元法。但是，离散解必须能够表示出声场在有限差分法和有限元法体积中的实际时空变化，即要求把声场离散到几分之一个波长，而实际传播问题涉及的距离往往有几百到几千个波长，所以这里所述的离散方法在计算强度上都非常大。因此，除了提供基准测试外，一般的海洋声传播问题很少使用有限差分法和有限元法。

无论哪种简化近似方法都不是十全十美的，实际应用过程中都需要根据实际的海洋声速分布和介质分布均匀性的几何条件来选择最合适的近似方法。在大多数情况下，选择错误的海底模型和近似方法的反演误差要比不正确的数据所造成的误差大（Chapman et al.，2003）。

6.2.5 地声反演中的优化算法确定

反演问题作为一个多参数的优化问题，在海洋环境参数模型比较复杂的情况下，待反演参数可为几个甚至十几个。传统的搜索方法，如穷举法，计算量非常大；又如局部搜索算法，最终解只是某个局部最优解，往往不是全局最优解，而且最终解的质量还严重依赖于初始解的选择。

智能优化算法又称现代最优化算法，是从一组随机生成的初始个体出发，按照一定的规则，并根据适应度（代价函数值）大小进行个体的优胜劣汰，提高新一代群体的质量，再经过多次反复迭代，逐步逼近全局最优解。该算法一般具有严密的理论依据，而不是单纯凭借专家经验，理论上可以在一定的时间内找到全局最优解或近似全局最优解。

因此，目前地声反演所采用的搜索方法通常是智能优化算法，其具有全局优化性能、通用性强且适合于并行处理的特点。常用的智能优化算法包括遗传算法（Holland，1992）、模拟退火算法等。目前智能优化算法在海底地声参数反演中已得到广泛应用，并得到了很好的结果。

6.2.6 反演结果的检验

针对反演过程中存在的不确定性和非唯一性问题，传统解决方法是简单地将反演得到的参数值代入声场计算模型，计算得到诸如传播损失、接收基阵各阵元声波幅度等信息，并与实测值比较是否一致，从而判定反演结果的可靠性。这种方法存在很大的风险，由于海洋环境本身的复杂性（海洋环境本身有本底噪声）、测量数据的误差以及选用的环境参数模型的误差，且反演过程进行的是多维参数寻优，反演将存在众多的局部最优解，很难确定最终的反演结果是否为绝对的最优值。例如，在有环境噪声的情况下得到的最优值有可能不是在无噪声干扰情况下的最佳解，因为噪声会补偿这个最佳解。

针对单次反演的不确定性，用统计的方法来描述反演结果是更为可靠的手段，反演的不确定性可以用参数后验概率密度函数很好地来刻画。以贝叶斯反演为例，通过反演给出海底地声参数的一维边缘概率分布、指定参数对的二维边缘概率分布和协方差矩阵，分别用于分析反演参数的不确定性和参数之间的相关性。由于海底模型是对实际海底的近似，理论误差是不可避免的，即使在理想的无测量误差的情况下，也很难得到使目标函数为极大或极小的模型参数。此外，由于理论误差的存在，与实际海底参数最为接近的模型参数可能不对应于全局最优。从这一角度来看，采用贝叶斯反演方法给出与数据匹配得较好的模型参数分布，而非单个最优模型，更具有实际意义。

6.3 海底地声参数反演方法实例

6.3.1 基于脉冲波形和传播损失的海底地声参数反演

基于脉冲波形和传播损失反演海底声速和声衰减系数共分为两步，第一步是基于脉冲波形反演海底声速，第二步是基于传播损失反演海底声衰减系数，具体如下。

（1）基于脉冲波形反演海底声速

在海洋声学中，脉冲波形的传播可用简正波表示为（李风华和张仁和，2000）

$$p(t) = \int_{\omega_1}^{\omega_2} S(\omega) \sqrt{\frac{8\pi}{r}} e^{i\pi/4} \sum_l \Phi(z_s,\mu_l) \Phi(z_r,\mu_l) \sqrt{\mu_l} e^{i\mu_l r - \beta_l r} e^{i\omega t} d\omega \tag{6-1}$$

式中，ω 为圆频率；t 为时间；z_r 为接收点深度；z_s 为声源点深度；i 为虚数单位；$S(\omega)$ 为声源频谱；Φ 为本征函数；μ_l 和 β_l 分别为第 l 阶简正波的水平波数与衰减系数；ω_1 表示声源频率下限；ω_2 表示声源频率上眼；r 表示距离。对于近场的脉冲波形，当满足 $\beta_l r \ll 1$ 时，认为式（6-1）中 $\beta_l \approx 0$。根据波束位移射线简正波理论（李风华和张仁和，2000），简正波的水平波数 μ_l 满足

$$2\int_{\zeta}^{H} \sqrt{k^2(z) - \mu_l^2} dz + \varphi_s(\mu_l) + \varphi_b(\mu_l) = 2l\pi \tag{6-2}$$

式中，φ_s 和 φ_b 分别为海面与海底的反射相位；H 为实验海区的平均水深；ζ 为海面高度；k 表示波数；z 表示深度。如果声速分布及海水深度 H 已知，根据式（6-1）和式（6-2），可以利用近场脉冲波形确定该海区的海底反射相位，进而反演海底声速。但是潮汐等因素引起平均水深变化，需要实时和准确地测定水深。以下内容讨论水深的测量误差对反演结果的影响以及该误差修正方法（李风华和张仁和，2000）。

设实验海区的平均水深为 H，测深仪得到的海深为 H_1，则海深的修正值为

$$\Delta \equiv H - H_1 \tag{6-3}$$

将式（6-3）代入式（6-2），可近似得到

$$2\int_{\zeta}^{H_1} \sqrt{k^2(z) - \mu_l^2} dz + \varphi_s(\mu_l) + \varphi_b(\mu_l) + 2k(H)\Delta\sin(\theta_l) = 2l\pi \tag{6-4}$$

式中，$\theta_l = \arccos[\mu_l/k(H)]$；$\varphi_b(\mu_l) + 2k(H)\Delta\sin(\theta_l)$ 定义为等效的海底反射相位（李风华和张仁和，2000）。

对于水平均匀海底情况，在小掠射角的条件下，海底反射相位近似表示为

$$\varphi_b(\mu_l) \approx \frac{2\rho}{\sqrt{1-[c_w(H)/c_p]^2}}\sin(\theta_l) - \pi \tag{6-5}$$

式中，c_p 为海底沉积物声速；ρ 为海底沉积物密度；$c_w(H)$ 为海水与海底界面处海水的声速。因此，等效海底反射相位可近似为

$$\varphi_b(\mu_l) + 2\Delta k(H)\sin(\theta_l) \approx A\sin(\theta_l) - \pi \tag{6-6}$$

其中，

$$A = 2k(H) \times \Delta + \frac{2\rho}{\sqrt{1 - (c_w(H)/c_p)^2}} \tag{6-7}$$

将式（6-6）代入式（6-4）得到

$$2\int_{\zeta}^{H_1} \sqrt{k^2(z) - \mu_l^2}\, dz + \varphi_s(\mu_l) + A\sin(\theta_l) - \pi = 2l\pi \tag{6-8}$$

从式（6-7）和式（6-8）可以看出，水深的测量误差将影响本征值的计算，进而影响海底参数的反演结果。为了消除水深测量误差对反演结果的影响，反演步骤如下（李风华和张仁和，2002）。

第一步，研究理论计算得到的脉冲波形与实验测量得到的脉冲波形的互相关，计算公式为

$$C(A) = \left[\sum_{n}^{N} \frac{\left| \int_0^{\tau} p_n(t, A) f_n(t)\, dt \right|}{\int_0^{\tau} p_n^2(t, A)\, dt \int_0^{\tau} f_n^2(t)\, dt} \right] \tag{6-9}$$

由 $C(A)$ 的最大值确定式（6-8）中的 A 值。式（6-9）中的 $p_n(t)$ 和 $f_n(t)$ 分别为第 n 个接收器对应的理论计算与实际测量的波形；N 为使用的接收器的总数；τ 为脉冲波形的时间长度。

第二步，根据式（6-7），在均匀海底模型的假设下，A 为频率的线性函数，其斜率为 $44\pi\Delta H/c_w(H)$。由多个频率信号反演得到所对应的 A，进而得到 A 随频率变化的斜率，确定海水深度的修正值 ΔH，并获得实验海区的实际平均海水深度 H。

第三步，将 A 与 ΔH 代入式（6-7），确定海底声速 c_p。

（2）基于传播损失反演海底声衰减系数

在已估计得到海底声速的条件下，可根据传播损失来反演海底声衰减系数。定义实际测量与理论计算的传播损失之差为 $\Delta\mathrm{TL}(r) = \mathrm{TL}_N(r, \alpha) - \mathrm{TL}_M(r, \alpha)$，其中，$\mathrm{TL}_N(r, \alpha)$ 为理论计算的传播损失，$\mathrm{TL}_M(r, \alpha)$ 为实际测量的传播损失。令 $\overline{\Delta\mathrm{TL}}$ 为不同距离上 $\Delta\mathrm{TL}(r_i, \alpha)$ 的平均值，定义 $\Delta\mathrm{TL}(r, \alpha)$ 的标准偏差为

$$E(\alpha) = \sqrt{\left[\sum_{i=1}^{N} (\Delta\mathrm{TL}(r_i, \alpha) - \overline{\Delta\mathrm{TL}})^2 \right] / (N - 1)} \tag{6-10}$$

调节海底声衰减系数的数值，使标准偏差 $E(\alpha)$ 最小，所得到的海底声衰减系数即为海底声衰减系数的估计值。

6.3.2 基于海底反射特性的海底地声参数反演

（1）基于海底反射损失反演海底表层声速和密度

海底反射法是利用海底声散射特性进行地声反演的常用方法，基本过程为发射一定带宽的声波信号，通过对接收数据进行匹配滤波，提取出从声源到多个接收基元的响应，即特征声线的到达时间和幅度，进而提取不同掠射角和不同频率的海底反射损失，从而反演海底地声参数。

为了获得海底反射损失，一般采用以下两种方法（杨坤德和马远良，2009）。

方法一，如果声源在不同频率的声源级和指向性已知，可直接通过接收的海底反射信号推算海底反射损失，即

$$P_{\text{bot}} = \text{SL} - \text{TL}_1 - \text{TM} - \text{Loss}_{\text{w}} \tag{6-11}$$

式中，P_{bot} 为海底反射损失；SL 为声源级；TL_1 为海底反射路径的扩散损失；TM 为海底边界处的反射损失；Loss_{w} 为海水吸收损失。以上参数单位为 dB。

方法二，若声源为无指向性点声源，可用直达波作为参考进行海底反射损失的计算，直达波的幅度用分贝可表示为

$$P_{\text{dir}} = \text{SL} - \text{TL}_0 - \text{Loss}_{\text{w}} \tag{6-12}$$

式中，P_{dir} 为直达波信号的声压级；TL_0 为直达波路径的扩散损失。以上参数单位为 dB。

利用直达波与海底反射波的相对幅度值可确定海底反射损失 TM。

$$P_{\text{bot}} - P_{\text{dir}} = -\text{TL}_1 - \text{TM} + \text{TL}_0 \tag{6-13}$$

式中，TL_0 和 TL_1 用射线模型计算；$P_{\text{bot}} - P_{\text{dir}}$ 根据测量数据获得。

改变发射声源的深度与距离，通过对垂直接收阵接收到的信号进行处理，可获得不同频率 f、不同掠射角 θ 下的海底反射损失，利用以下目标函数可进行海底表层参数的反演

$$\varphi(\rho, c_p) = \sum_f \sum_\theta \left[\text{TM}_m(f,\theta) - \text{TM}_c(f,\theta) \right]^2 \tag{6-14}$$

式中，$\text{TM}_m(f,\theta)$ 和 $\text{TM}_c(f,\theta)$ 分别为实验测量和模型计算得到的海底反射损失曲线。

（2）基于浅层反射特性反演沉积层厚度、声速和声衰减系数

声源到垂直接收阵的水平距离为 r，声源和接收点距离海底的高度分别为 h_0 和 h_1，海底表面反射信号的到达时间为 t_1，海底浅部沉积层的反射信号的到达时间为 t_2，两者的差为

$$\Delta t = t_2 - t_1 = f(h_s, c_p, h_0, h_1, c_w) \tag{6-15}$$

若海水声速（c_w）和实验观测系统几何参数（h_0 和 h_1）已知，则沉积层厚度（h_s）和声速（c_p）可通过以下目标函数进行反演（杨坤德和马远良，2009）

$$\varphi(h_s, c_p) = 1 / \sum_{i=1}^I (\Delta t_{mi} - \Delta t_{ci})^2 \tag{6-16}$$

式中，I 为声源和水听器组合的个数；Δt_{mi} 和 Δt_{ci} 分别为实验测量和模型计算得到的时间差。

当频率从 f_1 变化到 f_2 时，不同频率之间的相对幅度可表示为

$$P_{f_1} - P_{f_2} = (R_{f_1} - R_{f_2}) \alpha_s \tag{6-17}$$

式中，$P_{f_1} - P_{f_2}$ 表示频率为 f_1 和 f_2 的信号其海底表面反射和海底浅表层反射的幅度差；R_{f_1} 和 R_{f_2} 分别表示频率为 f_1 和 f_2 的信号在沉积层中传播的射线长度；α_s 为沉积层的声衰减系数。在沉积层厚度（h_s）和声速（c_p）已知的情况下，根据射线模型计算出沉积层中的射线路径长度 R_s，并利用式（6-18）求出沉积层声衰减系数（α）

$$P_{f_1} - P_{f_2} = -\frac{R_s}{c_p} \Delta f \alpha \tag{6-18}$$

6.3.3　基于贝叶斯统计反演理论的海底地声参数反演

匹配场统计反演海底地声参数是当前水声学研究的热点之一。根据贝叶斯统计反演理论，一个反演问题的解是未知参数的后验概率分布（PDD），所谓海底地声参数的统计反演就是通过实际测量的声场数据来估计未知海底参数的后验概率分布。因此，如何快速、准确地求解参数的 PDD 一直是贝叶斯统计反演的重要研究内容。本节结合支持向量机介绍了一种求解参数的 PDD 的算法（高伟和王宁，2010）。

（1）贝叶斯统计反演理论

根据贝叶斯统计反演理论，声场测量数据和未知海底参数都被看作随机变量，对于给定的声场测量数据向量 $\boldsymbol{d}$，一个反演问题的解是未知海底参数向量 $\boldsymbol{m}$ 满足 PPD

$$p(\boldsymbol{m}\mid\boldsymbol{d})=\frac{L(\boldsymbol{m})p(\boldsymbol{m})}{\int_M L(\boldsymbol{m}')p(\boldsymbol{m}')\mathrm{d}\boldsymbol{m}'} \tag{6-19}$$

式中，$p(\boldsymbol{m})$ 为参数向量 $\boldsymbol{m}$ 的先验概率密度；M 为关于 $\boldsymbol{m}$ 的积分域；m' 为关于 $\boldsymbol{m}$ 的积分变量；似然函数 $L(\boldsymbol{m})$ 是反映声场传播模型和测量数据之间不精确的物理量。假设不同频率 f 的测量数据与声场理论计算结果之间的误差满足均值为 0、协方差矩阵为 $\boldsymbol{C}_D=v_f\boldsymbol{I}$ 的高斯分布，其中 $\boldsymbol{I}$ 为单位矩阵，v_f 为数据方差，则似然函数满足下列形式：

$$L(\boldsymbol{m})=\prod_{f=1}^F (\pi v_f)^{-N/2}\exp\left\{-\frac{B_f(\boldsymbol{m})\mid d_f\mid^2}{v_f}\right\} \tag{6-20}$$

式中，N 为测量数据向量 $\boldsymbol{d}$ 的维数；$B_f(\boldsymbol{m})$ 是标准的巴特利特（Bartlett）代价函数：

$$B_f(\boldsymbol{m})=1-\frac{\mid\omega_f^\dagger(\boldsymbol{m})d_f\mid^2}{\mid d_f\mid^2\mid\omega_f(\boldsymbol{m})\mid^2} \tag{6-21}$$

式中，d_f 为实际测量的声场数据；ω_f 为根据声场传播模型计算的理论数据；$\dagger$ 为矩阵的共轭转置。

得到了未知海底参数向量 $\boldsymbol{m}$ 的 PPD，事实上就已经找到了反演问题的解。但对于普遍存在的多维参数反演问题，为合理地解释参数反演结果，往往还需要计算 $\boldsymbol{m}$ 的特征量：

$$m=\arg\max_{m\in M} p(\boldsymbol{m}\mid\boldsymbol{d})$$

$$\langle m\rangle=\int_M m'p(\boldsymbol{m}'\mid\boldsymbol{d})\mathrm{d}\boldsymbol{m}'$$

$$C_M=\int_M (m'-\langle m\rangle)(m'-\langle m\rangle)^\mathrm{T}p(\boldsymbol{m}'\mid\boldsymbol{d})\mathrm{d}\boldsymbol{m}'$$

$$p(m_i\mid\boldsymbol{d})=\int_M \delta(m'_i-m_i)^\mathrm{T}p(\boldsymbol{m}'\mid\boldsymbol{d})\mathrm{d}\boldsymbol{m}'$$

式中，$\delta(\cdot)$ 为狄拉克（Delta）函数；m、$\langle m\rangle$、C_M、$p(m_i\mid\boldsymbol{d})$ 分别为未知参数的最大后验概率解、均值、协方差矩阵和一维边缘 PPD。根据上述后验矩特征量，不仅可以有效地获取参数最优值（即最大后验概率解），而且可以从统计的角度分析参数反演结果的不确定性。

（2）基于支持向量机的海底地声参数后验概率分布求解

基于支持向量机的算法基本思路是基于参数先验空间内的小样本采样点及对应的后验概率，采用支持向量机拟合未知海底地声参数和后验概率之间存在的函数关系。这样对参数先验空间内的任意采样点，都可以根据上述拟合函数直接计算后验概率的拟合结果，而不需要再利用声场传播模型进行声场计算，从而有效减少参数后验概率分布求解过程中的计算量。该算法也可理解为对利用声场传播模型计算后验概率过程的简化。

支持向量机回归的算法基本流程如下（高伟和王宁，2010）。

第一步，产生训练样本集。首先，采用遗传算法在未知参数先验空间内搜索参数最优值（即最大后验概率估计解），并保存初始群体和最终群体及相应的代价函数值。其次，在参数先验空间内随机产生 N 个采样，由 N 个采样和遗传算法初始群体、最终群体构成一个训练样本集 T。其中，T 的输入向量 $\boldsymbol{X}_{\mathrm{input}}$ 和输出向量 $\boldsymbol{Y}_{\mathrm{output}}$ 分别为

$$\boldsymbol{X}_{\mathrm{input}} = \begin{bmatrix} m_1 \\ \vdots \\ m_l \end{bmatrix} = \begin{bmatrix} m_1^1 & \cdots & m_1^M \\ \vdots & & \vdots \\ m_l^1 & \cdots & m_l^M \end{bmatrix}$$

$$\boldsymbol{Y}_{\mathrm{output}} = \begin{bmatrix} Y_1 \\ \vdots \\ Y_l \end{bmatrix} = \begin{bmatrix} B(m_1) \\ \vdots \\ B(m_l) \end{bmatrix} \tag{6-22}$$

式中，$\boldsymbol{m}$ 为未知参数向量；$B(m)$ 为代价函数；l 为训练样本的个数；M 为未知参数的个数。

第二步，拟合代价函数。首先，选择核函数形式，并采用 k 折交叉验证方法确定一组合适的支持向量机参数（原则上，对不同的反演问题，高斯核函数具有普适性，但需要分别独立选择支持向量机参数），然后，采用支持向量机对训练样本集 T 进行训练，得到如式（6-22）的形式 $\tilde{B}(m)$。由代价函数与后验概率之间的关系可知，对于参数先验空间内的任意一点，根据 $\tilde{B}(m)$ 都可以方便地计算后验概率的拟合结果。

第三步，求解参数 PPD。根据拟解决的具体问题，选择穷举搜索法或马尔可夫链蒙特卡洛法，在参数先验空间内进行采样，对每一个采样点都不需要调用声场传播模型，而是由 $\tilde{B}(m)$ 直接计算相应的后验概率拟合值，当采样足够充分时即得参数 PPD。

基于支持向量机的后验概率分布求解算法之所以能够提高参数 PPD 的求解度，关键在于拟合函数 $\tilde{B}(m)$ 具有相对简单、直观的形式。在参数 PPD 的求解过程中，由 $\tilde{B}(m)$ 取代实际代价函数 $B(m)$，可以避免大量相对复杂烦琐的声场计算，简化了计算过程，从而节省了计算时间。

6.3.4 基于多步优化策略的宽带匹配场反演

（1）反演参数的敏感性指数

考虑水平不变的情形并忽略横波的影响，假设地声模型等效为均匀的沉积层和基底，

地声属性可由 7 个参数来描述：沉积层的声速、声衰减系数、密度和厚度，以及基底的声速、声衰减系数和密度。海水声速剖面通过实际测定已知，待精确反演的观测系统几何参数包括声源与接收阵的距离、声源深度、海水深度、接收阵的深度、接收阵倾斜程度。研究上述 12 个参数对频率的依赖性，一是对浅海环境参数反演结果的可信度进行分析，二是得到反演过程中频率选择的基本原则（杨坤德和马远良，2003）。其研究的方法为给定某参数的真实值和搜索区间，并假设信号的频率为 f，将参数的真实值代入声场模型程序计算得到理论计算数据，再计算搜索区间其他值得到观测数据，对二者进行线性匹配，计算得到 Bartlett 功率随参数值变化的曲线。改变信号的频率并进行同样的计算，得到不同频率的变化曲线，由此可得各反演参数频率依赖性曲线。图 6-4 为沉积层声速在 4 个典型频率段取不同值时对匹配场处理功率的影响。可以看出，沉积层声速在中高频段对匹配场目标函数的影响比低频段要强，即在中高频段的敏感性较强。为了量化反演参数的敏感性，定义敏感性指数为

$$\mathrm{SI}(f) = 1 - P(f,S)/P(S_0) \tag{6-23}$$

式中，SI 为参数在不同频率上的敏感性指数，取值 0 ~ 1；$P(f,S)$ 为反演参数在搜索空间边界值时的匹配场功率；$P(S_0)$ 为反演参数为真实值时的匹配场功率。不同的参数对频率敏感性不同，观测系统几何参数以及沉积层的声速在高频段的敏感性指数较高；沉积层的厚度和基底的声速在低频段的敏感性较强；沉积层的密度和声衰减系数、基底密度和声衰减系数 4 个参数在高低频段的敏感性都很弱，因此要想获得精确的估计比较困难。

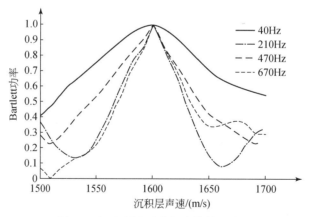

图 6-4 沉积层声速的频率依赖性分析

资料来源：杨坤德和马远良（2003）

（2）多步反演策略

根据不同环境参数在不同频段具有不同敏感性的特点，引出如图 6-5 所示的宽带匹配场反演多步优化策略。与传统的直接全参数反演相比，这种新的浅海环境参数反演方法具有以下优点（杨坤德和马远良，2003）：①将各种反演参数按照敏感性指数进行分类，符合全局优化过程中参数敏感性类似的原则。②按照敏感性由强到弱的顺序进行反演，使敏

感性强的参数得到充分的优化，在此基础上反演次强和较弱的参数，从而保证敏感性较弱参数反演的可靠性。③将众多参数（12 个）的全局寻优问题简化为少量参数多步执行，并且每一步执行后，参数搜索区间缩小，大大提高得到全局最优解的概率。④采用遗传算法进行全参数反演时，由于参数较多，参数搜索区间较宽，频率数量多，要得到满意的优化结果，必须设置较多数量的群体数、较大的群体大小和正演模型调用次数。而在分步优化过程中，参数和频率数量较少，这样可以设置较少数量的群体数、较小的群体大小和正演模型调用次数。因此，分步优化过程总的计算时间比全参数反演要少。

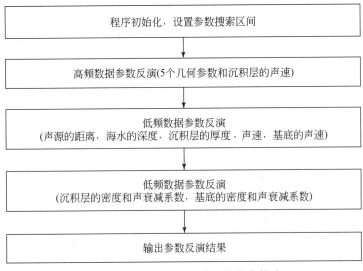

图 6-5　宽带匹配场反演多步优化策略

第7章 海底沉积物地声属性测量技术应用

采用第 3~5 章介绍的海底沉积物地声属性测量技术（包括取样测量技术和原位测量技术）在渤海、黄海、东海、南海北部及西北太平洋等典型海域开展了海底沉积物地声属性测量，本章重点介绍在上述海域开展的海底沉积物地声属性测量情况以及对测量结果的分析和海底沉积物地声属性的研究。

7.1 渤海和北黄海

由于弱陆相径流和强潮流的共同作用，渤海和北黄海海底沉积物地声属性调查区海底广泛分布有软泥和砂质泥等细粒泥质沉积物。在渤海，第四纪沉积物厚度可达 300~500m，其中多数为陆源碎屑沉积物，在北黄海东部和中部主要为现代沉积。在渤海调查区布设了 7 个海底沉积物取样站位，在北黄海调查区布设了 15 个海底沉积物取样站位。在每个站位采用箱式取样器进行沉积物取样，然后通过插管获取长度不小于 25cm 的海底沉积物柱状样品。在渤海调查区和北黄海调查区使用柱状取样器分别获取一个长度大于 250cm 的海底沉积物柱状样品。

7.1.1 沉积物样品地声属性测量及声速分布

采用图 3-1（a）所示的纵向测量方式进行沉积物声速测量，测量设备为海底沉积物柱状样品声速和声衰减系数取样测量平台（图 3-3）、WSD-3 型数字声波仪（重庆奔腾数控技术研究所生产）、平面活塞换能器（图 3-18）。样品长度的测量精度为 ±0.1mm，声时的测量精度为 ±0.1μs，系统声速测量误差小于 1%（阚光明等，2014a）。为获得不同频率的声速，共使用了 6 对平面活塞换能器，频率覆盖范围为 25~250kHz。

渤海 7 个浅表层取样站位的海底沉积物声速测量结果显示，不同站位之间的沉积物样品声速结果差别较大。25kHz 频率的沉积物声速最小为 1326.6m/s，最大为 1499.8m/s，平均值为 1421.3m/s。250kHz 频率的沉积物声速最小为 1475.8m/s，最大为 1721.0m/s，平均值为 1605.7m/s。北黄海 15 个浅表层取样站位的海底沉积物声速测量结果显示，25kHz 频率的沉积物声速最小为 1333.0m/s，最大为 1523.8m/s，平均值为 1428.1m/s。250kHz 频率的沉积物声速最小为 1495.0m/s，最大为 1728.7m/s，平均值为 1611.9m/s。从声速测量结果来看，北黄海海底沉积物声速略大于渤海海底沉积物声速，值得注意的是，不少站位的沉积物样品都表现出较低的声速值（小于 1400m/s）。在测量过程中，肉眼观测到低声速的沉积物富含生物有机体、贝壳及碎屑等物质，并具有难闻的刺鼻气味，可初步判定沉积物中含有机质较多。笔者认为，包括生物活动、分泌物与排泄物、遗体残骸在内的生物因素可能会改变沉积物本身的成分与结构，从而显著影响这类沉积物的声学特性（Zheng et al., 2016）。

根据在两个站位使用柱状取样器获取的海底沉积物长柱状样品的声速测量结果，绘制了如图 7-1 所示的沉积物声速垂向分布图。图 7-1 显示，北黄海海底面以下 300cm 深度范围内，沉积物声速基本介于 1424.5~1564.9m/s，随深度增加，声速整体上呈现增大趋势 [图 7-1（a）]。渤海海底面以下 300cm 深度范围内，沉积物声速基本介于 1439.3~1537.5m/s，随深度增加，声速整体上呈现增大趋势 [图 7-1（b）]。对单一频率的声波测试结果而言，渤海沉积物声速的分化程度偏高，这与渤海表层沉积物的粒度成分与物理性质具有明显的非均匀性有关。对于使用箱式取样器获取的渤海和北黄海的浅表层沉积物样品，在 25~250kHz 频段内声速变化分别达到了 270m/s 和 392m/s；对于使用柱状取样器获取的渤海和北黄海的海底面以下 300cm 深度范围内的长柱状沉积物样品，在 25~250kHz 频段内声速变化分别达到了 108m/s 和 95m/s。浅表层沉积物的声速频散比海底面以下 300cm 深度范围内的长柱状沉积物的声速频散显著，这一点在渤海样品的测试中尤为明显。表层沉积物的声速随声波频率并不呈线性变化关系，而对于海底面以下 300cm 范围内的长柱状沉积物，二者的线性相关性较为明显（Zheng et al., 2016）。

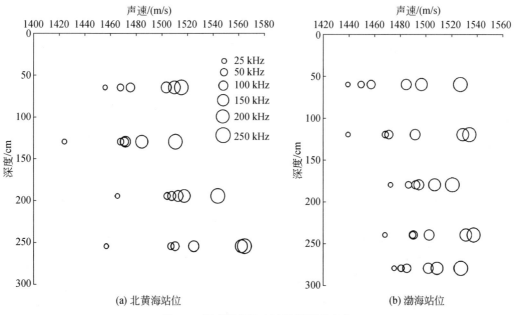

图 7-1 海底沉积物声速随深度的变化

资料来源：Zheng 等（2016）

7.1.2　声速与物理性质关系

在 25～250kHz 频段内，渤海调查区沉积物声速与平均粒径、分选系数、砂粒含量和黏粒含量的相关性如图 7-2 所示，表 7-1 给出了声速与上述物理性质参数相关性较高的经验回归公式及其对应的判定系数 R^2。从表 7-1 可以看出，声速与平均粒径在 25kHz、50kHz、100kHz 频率处的相关性相对较好，判定系数较高，声速与砂粒含量和黏粒含量在 25kHz、50kHz、100kHz、130kHz、175kHz 频率处的相关性相对较好。在其他更高频率处，声速与上述三个颗粒组分参数的相关性较差。另外，在 25～250kHz 频段内，声速与分选系数的相关性较弱，表 7-1 中没有给出其回归公式。图 7-2 中所示的声速与分选系数的总体相关性变化趋势与已有研究结果基本一致（Hamilton，1970；Orsi and Dunn，1990；Kim et al.，2001；Jackson and Richardson，2007）。从图 7-2 和表 7-1 可以看出，随砂粒含量增加，声速总体上呈现出增大趋势，可能原因在于：① 含硅的砂粒组分的声速较高；② 粗颗粒的成分含量高，使得沉积物孔隙度减小，声速增大，图 7-2 和表 7-1 显示声速随黏粒含量增大而减小。可能原因在于两个方面，一方面层状或片状的黏土矿物结构性质或粒径为黏粒大小的颗粒使沉积物的可压缩性变小，从而使声速减小；另一方面小颗粒的黏粒含量增加，使沉积物平均粒径减小，孔隙度增加，从而也使声速减小，这可以从图 7-2（a）和图 7-3（d）所示的声速与平均粒径、分数孔隙度的关系上得到证实（Zheng et al.，2016）。

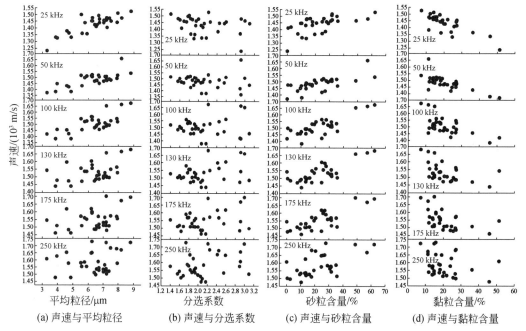

图 7-2　渤海调查区沉积物声速与平均粒径、分选系数、砂粒含量、黏粒含量的相关性

资料来源：Zheng 等（2016）

表 7-1　渤海调查区不同频率声速与平均粒径、分选系数、砂粒含量、黏粒含量的回归公式

相关参数	测量频率/kHz	回归公式	判定系数 R^2
平均粒径（d）	25	$c_p = 234.12\ln d + 1000.3$	0.73
	50	$c_p = 167.63\ln d + 1174.5$	0.52
	100	$c_p = 35.8\ln d + 1277.6$	0.50
砂粒含量（C_s）	25	$c_p = 38.7\ln C_s + 1320.0$	0.45
	50	$c_p = 2.50\ln C_s + 1423.1$	0.50
	100	$c_p = 3.62\ln C_s + 1423.0$	0.62
	130	$c_p = 3.14\ln C_s + 1458.0$	0.61
	175	$c_p = 3.33\ln C_s + 1471.3$	0.63
黏粒含量（C_c）	25	$c_p = -5.74C_c + 1544.6$	0.60
	50	$c_p = -4.19C_c + 1565.8$	0.45
	100	$c_p = -109.3\ln C_c + 1826.4$	0.43
	130	$c_p = -86.7\ln C_c + 1784.2$	0.41
	175	$c_p = -93.1\ln C_c + 1820.4$	0.40

资料来源：Zhang 等（2016）

在 25～250kHz 频段内，北黄海调查区沉积物声速与湿密度、干密度、含水量、分数孔隙度的相关性如图 7-3 所示，表 7-2 给出了声速与上述物理性质参数相关性较高的经验

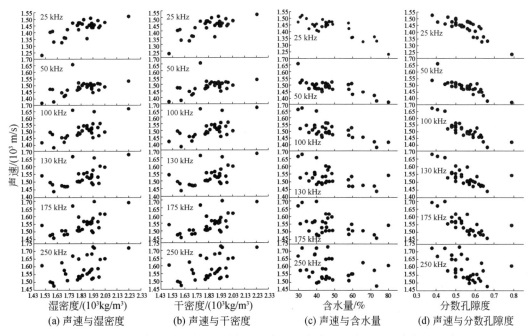

图 7-3　北黄海调查区沉积物声速与湿密度、干密度、含水量、孔隙度的相关性

资料来源：Zheng 等（2016）

回归公式及其对应的判定系数 R^2。本书研究结果显示，在一些特定范围的声波频率下，沉积物声速随上述物理性质参数的变化趋势与已有研究结果基本一致（Hamilton，1970；Orsi and Dunn，1990，1991；Hamilton and Bachman，1982；卢博和梁元博，1991；Liu et al.，2013），但声波频率对所建立相关关系的影响十分显著（图 7-3 和表 7-2），这与声波频率对沉积物粒度组分的影响较为类似。

表 7-2   北黄海调查区不同频率声速与湿密度、干密度、含水量、孔隙度的回归公式

相关参数	测量频率/kHz	回归公式	判定系数 R^2
湿密度（ρ）	25	$c_p = -4.13\rho^2 + 177.8\rho - 419.9$	0.60
	50	$c_p = -3.2\rho^2 + 130.4\rho + 172.9$	0.35
干密度（ρ_d）	25	$c_p = -2.78\rho_d^2 + 92.8\rho_d + 719.1$	0.73
	50	$c_p = -2.1\rho_d^2 + 68.4\rho_d + 968.3$	0.52
	100	$c_p = 0.14\rho_d^2 + 20.2\rho_d + 1235.7$	0.55
	130	$c_p = 17.6\rho_d^2 + 1311.8$	0.40
	175	$c_p = 0.02\rho_d^2 - 19.65$	0.40
含水量（w）	25	$c_p = -0.08w^2 + 4.64w + 1410.0$	0.74
	50	$c_p = -148.6\ln w + 2055.0$	0.55
	100	$c_p = -182.5\ln w + 2209.9$	0.50
分数孔隙度（β）	25	$c_p = -1429\beta^2 + 990.03\beta + 1331.2$	0.77
	50	$c_p = -280\ln\beta + 1315.5$	0.69
	100	$c_p = -383.4\ln\beta + 1277.4$	0.77
	130	$c_p = -290.6\ln\beta + 1355.6$	0.54
	175	$c_p = -317.4\ln\beta + 1356.7$	0.59

资料来源：Zhang 等（2016）

在所测试的沉积物物理性质指标中，分数孔隙度与声速之间的相关性最为明显，在 25～175kHz 频段内，判定系数 R^2 介于 0.54～0.77（表 7-2），二者的关系模型与其他海域的松散沉积物测试结果基本一致，只在拟合参数上有所差别（Kim et al.，2001；Liu et al.，2013）。可以认为，利用分数孔隙度来预测黄渤海沉积物声速的方法，在 25～175kHz 频段内均具有较高的精度，最优测试频率则进一步集中在 25～100kHz。分数孔隙度对沉积物声速的影响机制可解释为孔隙度增加会减小松散欠固结沉积物的体积与剪切模量，从而导致沉积物声波速度的降低（Han et al.，2012；Liu et al.，2013；Zheng et al.，2016）。本书给出北黄海和渤海调查区的声速与物理性质参数回归公式的判定系数相对较低，原因可归结为以下两点：①实验测试的柱状沉积物样品具有明显的分层特性（如 20cm 和 50cm 深度），这种沉积物的非均匀特性可能作为一个重要的影响因素，降低沉积物物理性质与声学性质之间的相关性；②存在于海底的底栖生物可能会对沉积物声速与物理性质之间的相关性造成影响，生物活动、分泌物与排泄物、生物残骸都会改变沉积物本身的成分与结构，形成较典型的有机质淤泥，从而将降低沉积物物理性质与声学性质之间的相关性

（Zheng et al., 2016）。

7.2 南 黄 海

在南黄海开展海底沉积物地声属性测量的调查区位于 121°30.8′E ~ 123°48.9′E 和 33°46.4′N ~ 36°20.8′N。调查区地势总体向东倾斜，西侧和西南侧地形坡度较大，水深在 30 ~ 60m，中部地形平缓，水深在 70 ~ 80m。受现代水动力与泥沙运动的塑造影响，调查区海底地貌具有明显的分带性特征。在 60m 水深线的西侧，以潮流沙脊和现代水下岸坡为主的现代海滨地貌发育，而在 60 ~ 80m 水深区域，受环流影响的浅海堆积平原发育，在 80m 水深线的东南是南黄海海槽。

调查区沉积环境比较复杂，其独特的地理位置使其具有复杂的海洋动力系统，而且南黄海中部的物质来源多样化，进入南黄海中部的物质在风、浪、环流系统（黄海暖流、黄海沿岸流、冷水团）和潮流的共同作用下，形成了海底多种类型的沉积物（蓝先洪等，2004；张宪军，2007），调查区中部和东部底质以粉砂质黏土和黏土质粉砂为主，靠近苏北浅滩的西南部底质以粉砂、细砂为主，西北部底质以粉砂质砂为主。

7.2.1 海底沉积物地声属性测量

国家海洋局第一海洋研究所（现为自然资源部第一海洋研究所）先后于 2009 年和 2010 年在南黄海调查区执行了两个航次的海底沉积物声学特性调查，并使用液压式沉积声学原位测量系统开展了海底沉积物声速和声衰减系数原位测量（图 7-4）。沉积声学原位测量采用液压海底沉积声学原位测量系统的自容式控制工作模式，系统下水前设置好工

 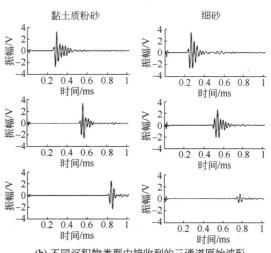

(a) 南黄海原位沉积声学测量中使用的液压式 海底沉积声学原位测量系统

(b) 不同沉积物类型中接收到的三通道原始波形

图 7-4 南黄海调查区海底沉积声学原位测量及记录的三通道原始波形

作参数，主要包括：① 发射波形为脉冲波；② 声波频率为30kHz；③ 采样率为5MHz；④ 采样长度为10K。在粉砂质黏土、黏土质粉砂、砂质粉砂、粉砂质砂、粉砂、细砂6种不同类型沉积区域共获得104个站位海底沉积物声速原位测量数据，尤其是在砂质粉砂、粉砂质砂、细砂等传统重力取样难以获得原状样品的海区取得了良好的测量效果（阚光明等，2013）。

使用柱状取样器和箱式取样器在300多个站位开展了沉积物取样，其中部分取样站位与原位测量站位重合，但在海底底质较硬的原位测量站位（粉砂和细砂海底）未取到沉积物样品。在与原位测量重合的取样站位，样品取至船舶甲板后立即在船上实验室对深度为0~70cm的浅层沉积物样品进行了声速、密度、含水量、孔隙度的测试（船舶甲板实验室测量获得的声速称为甲板声速），剩余的样品和在其他非重合的取样站位获取的沉积物柱状样品在船上进行封存，航次结束后运至恒温恒湿的样品库保存，并在陆地实验室进行声速、声衰减系数、剪切波速度等声学性质和沉积物物理力学性质参数测量。船舶甲板实验室和陆地实验室的声速与声衰减系数测量采用海底沉积物柱状样品声速和声衰减系数取样测量平台（图3-3）、平面活塞换能器（图3-18）和WSD-3型数字声波仪（重庆奔腾数控技术研究所生产）组成的测试系统，测量频带为25~250kHz。剪切波测量采用图3-19所示的弯曲元剪切波测试系统，测量频带为2~5kHz。沉积物物理力学性质参数包括密度、含水量、孔隙度、粒度、颗粒组分、液限、塑限、抗剪强度、压缩系数等。

7.2.2 原位声速及其与物理性质的相关关系

在南黄海调查区测量所获得的最大原位声速为1692.6m/s，测量站位的沉积物类型为粉砂质砂，但由于底质较硬未取得足够的沉积物样品来测量其物理性质。成功获取沉积物样品并开展物理性质测量的站位的最大原位声速为1607.0m/s，对应的沉积物类型为粉砂质砂，沉积物含水量约为37.89%；最小原位声速为1433.7m/s，对应的沉积物类型为粉砂质黏土，沉积物含水量约为96.42%；调查区平均原位声速为1498.0m/s。在区域分布上，调查区的海底沉积物声速呈现出分区域分布特征，可分为东北部低速区、西南部高速区和西北—东南方向的声速梯度带三个区域。东北部低速区的声速为1433.7~1462.0m/s，西南部高速区的声速为1579.0~1692.6m/s，声速梯度带为西北—东南方向声速快速变化的窄带，梯度带内，声速由西南向东北方向快速减小，声速为1470.0~1550.0m/s。在船舶甲板实验室测试的沉积物声速和密度、含水量、孔隙度等物理参数的结果表明，沉积物密度为1.40~2.02g/cm³，平均值为1.65g/cm³；不同类型沉积物密度有所差别，粉砂质黏土、黏土质粉砂、粉砂质砂和砂质粉砂的平均湿密度逐渐增大，分别为1.54g/cm³、1.64g/cm³、1.89g/cm³和1.94g/cm³。沉积物含水量为28.90%~140.82%，平均值为72.26%；不同类型沉积物含水量差别较大，粉砂质黏土含水量最大，平均值为95.50%，粉砂质砂含水量最小，平均值为38.08%，砂质粉砂和黏土质粉砂含水量介于两者之间，平均值分别为48.31%和69.66%（阚光明等，2013）。

图7-5显示了原位声速与湿密度、含水量、孔隙比、孔隙度的相关性（在少部分原位声

速测量的站位未获取足够样品开展物理性质测量，故该部分数据未包括在图中）。图7-5（a）表明，沉积物原位声速与湿密度呈正相关关系，湿密度越大，声速越大。从图7-5（b）~（d）可以看出，原位声速与含水量、孔隙比、孔隙度呈负相关关系，声速随含水量、孔隙比、孔隙度增大而减小。含水量、孔隙比、孔隙度等参数表述的是沉积物的两相特征，即海底沉积物是由固体骨架和骨架间孔隙中充填的流体组成的。基于双相介质弹性波传播理论的数值计算结果表明，沉积物快纵波速度（即沉积物声速）随着孔隙度的增加而减小，与图7-5（d）所示的原位声速与孔隙度的关系结果一致。表7-3为原位声速和甲板声速与湿密度、含水量、孔隙比、孔隙度的回归公式。从表7-3可以看出，原位声速与湿密度、含水量、孔隙比、孔隙度等具有良好的相关性，判定系数 R^2 均不小于0.88（阚光明等，2013）。

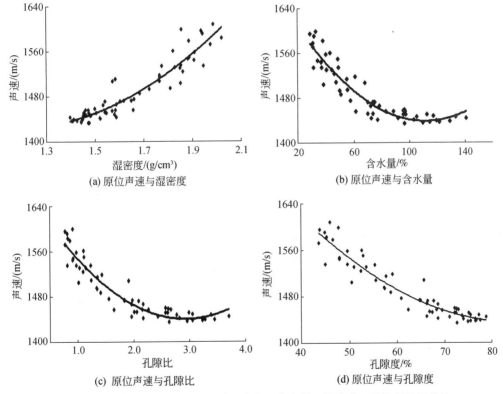

图7-5 南黄海调查区原位声速与湿密度、含水量、孔隙比、孔隙度的相关性

资料来源：阚光明等（2013）

表7-3 南黄海调查区原位声速和甲板声速与湿密度、含水量、孔隙比、孔隙度声速的回归公式

原位声速回归公式			甲板声速回归公式		
相关参数	回归公式	判定系数 R^2	相关参数	回归公式	判定系数 R^2
湿密度（ρ）	$c_p = 243.77\rho^2 - 568.3\rho + 1755.2$	0.88	湿密度（ρ）	$c_p = 211.88\rho^2 - 456.33\rho + 1679.0$	0.73

续表

原位声速回归公式			甲板声速回归公式		
含水量（w）	$c_p = 0.0204w^2 - 4.5514w + 1691.9$	0.88	含水量（w）	$c_p = 0.025w^2 - 5.3518w + 1742.5$	0.79
孔隙比（e）	$c_p = 28.58e^2 - 167.93e + 1686.2$	0.90	孔隙比（e）	$c_p = 33.316e^2 - 190.16e + 1729.0$	0.78
孔隙度（n）	$c_p = 0.0925n^2 - 15.671n + 2098.5$	0.90	孔隙度（n）	$c_p = 0.1218n^2 - 19.466n + 2238.1$	0.79

资料来源：阚光明等（2014a）

图 7-6 为甲板声速（测量频率 30kHz）与密度、含水量、孔隙比、孔隙度的相关性。图 7-6 表明，甲板声速与密度、含水量、孔隙比、孔隙度的相关关系与原位声速类似，即与密度正相关，而与含水量、孔隙比、孔隙度负相关。但甲板声速与密度、含水量、孔隙比、孔隙度等参数相关性的回归公式的判定系数 R^2 小于 0.8，低于原位声速回归公式的判定系数（表 7-3），说明甲板声速与上述物理性质参数的相关程度低于原位声速。原因可能在于温度变化带来较大误差，使甲板声速数据具有较大的离散性，从而导致甲板声速与物

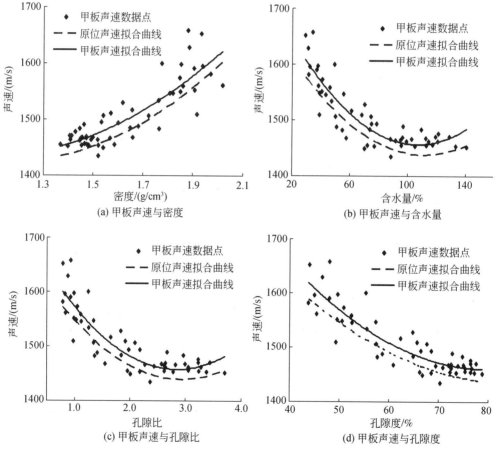

图 7-6 南黄海调查区甲板声速与密度、含水量、孔隙比、孔隙度的相关性

资料来源：阚光明等（2013）

理性质参数相关性降低。为更好地进行对比分析，将图 7-5 中的原位声速拟合曲线叠合在图 7-6 中。图 7-6 中显示，不同物理性质参数的原位声速拟合曲线均位于甲板声速拟合曲线下方，二者最小差为 15.8m/s，最大相差为 31.3m/s，平均差约为 22.6m/s。二者差别解释了甲板声速离散的原因，即样品温度变化给声速测量带来的误差。对相同站位原位声速和甲板声速进行对比分析表明，对于参与统计的所有站位，原位声速均小于甲板声速，二者最大相差 57.2m/s，最小相差 3.4m/s。这与原位声速预测曲线与甲板声速预测曲线存在差别的研究结果相一致（阚光明等，2013）。

　　为验证其他声速预测方程在本调查区的应用效果，将 Hamilton（1980）（Hamilton 回归公式）、Anderson（1974）（Anderson 回归公式）、Orsi 和 Dunn（1990）（Orsi 回归公式）、周志愚等（1983）（周志愚回归公式）、卢博等（2006）（卢博回归公式）的基于声速–孔隙度回归公式预测的声速与本调查区原位声速进行了对比，结果如图 7-7 和表 7-4 所示。从图 7-7 和表 7-4 可以看出，国外三个回归公式的预测结果与本调查区原位声速相差较大，其中，Hamilton 回归公式相差最大，标准差为 118.8m/s。唐永禄（1998）指出 Hamilton 回归公式预测的声速值比我国周边大陆架的测量结果平均约高 50m/s，与本书的研究结果相一致。周志愚回归公式中以近海底海水声速 C_0 作为修正项，本书在使用周志愚回归公式进行沉积物声速计算时，取 8 个温盐深仪（CTD）测量站位近海底海水声速的平均值作为修正项（即 $C_0 = 1497.2$m/s），从图 7-7 和表 7-4 可以看出，其预测的声速与本调查区原位声速相差相对较小。在回归公式中加入近海底海水声速修正项，在一定程度上也修正了温度变化对声速测量的影响，因为不同温度的海水声速存在差异。卢博回归公式在低孔隙度区（$n < 60\%$）与原位数据符合较好，在高孔隙度区（$n > 60\%$）与原位数据差别较大。基于本调查区沉积物原位声速和物理性质参数建立的原位声速回归公式，相对于其他回归公式，其预测误差最小，说明依据某一特定海区沉积物声速和物理性质实验数据建立的各种声速回归公式可能不能有效适用所有的海域。因此，某一海区建立的声速回归公式在推广到其他海区时要慎重。

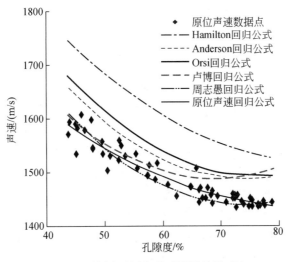

图 7-7　不同声速回归公式预测结果对比

表7-4 不同声速回归公式结果对比

回归公式	偏差范围/(m/s)	相对偏差/%	标准差/(m/s)
Hamilton 回归公式	65.8 ~ 198.0	4.4 ~ 12.9	118.8
Orsi 回归公式	5.9 ~ 131.0	0.4 ~ 8.5	61.2
Anderson 回归公式	−6.9 ~ 107.3	−0.5 ~ 7.0	47.2
卢博回归公式	−26.9 ~ 63.3	−1.7 ~ 4.4	36.2
周志愚回归公式	−55.2 ~ 59.0	−3.7 ~ 3.8	19.4
原位声速回归公式	−39.0 ~ 45.2	−2.6 ~ 2.9	15.9

7.2.3 原位声衰减系数及其与物理性质的相关关系

一般采用声衰减系数或声衰减因子来表示沉积物中的声衰减特性。声衰减系数的单位为 dB/m，表示每单位距离的声衰减分贝数；声衰减因子的单位为 dB/(m·kHz)，即衰减系数除以以千赫兹为单位的频率，表示每单位距离的每千赫兹的声衰减分贝数。为便于和国外结果进行对比，本书在进行声衰减与物理力学性质关系以及二者关系回归分析时采用声衰减因子表示声衰减，在描述声衰减的区域分布时采用声衰减系数。调查区的东北部为低衰减区，衰减系数为 1~6dB/m，西南部为高衰减区，衰减系数为 8~30dB/m。低衰减区基本上对应着低声速区，沉积物类型主要为粉砂质黏土、黏土质粉砂等颗粒较细的沉积物；高衰减区基本上对应着高声速区，沉积物类型主要为粉砂和细砂等颗粒较粗的沉积物。

图7-8为声衰减因子与沉积物密度、中值粒径、孔隙度、含水量的相关性。从图7-8中可以看出，与其他声学特性参数相比，声衰减因子与密度、中值粒径、孔隙度、含水量等物理性质参数的相关性具有明显的离散性，说明沉积物声衰减机制的复杂性。沉积物声衰减除包含由孔隙流体与固体骨架间相对运动引起的固有衰减之外，还包括由沉积物内部非均匀体（如分层、贝壳、生物洞穴等）引起的声散射导致的衰减。虽然声衰减因子与物理性质参数的相关性具有很大的离散性，但也反映出一定的规律，即声衰减因子随密度、中值粒径、孔隙度、含水量等参数的增大而增大到一定的峰值，然后，随着这些参数的增大而减小，形成"钟"形的变化趋势（图中曲线并不是拟合曲线，而是绘制的变化趋势曲线）。图7-9为 Jackson 和 Richardson（2007）给出的声衰减因子与平均粒径和孔隙度的相关性，对比图7-8和图7-9，可以看出二者具有基本相同的变化规律。

通过二次多项式拟合，建立了声衰减因子与密度、中值粒径、孔隙度、含水量等物理性质参数的回归公式，见表7-5。在表7-5中，最后两个平均粒径和孔隙度与声衰减系数的关系公式由 Jackson 和 Richardson（2007）给出，可以看出，本书给出的回归公式的判定系数与 Jackson 和 Richardson（2007）给出的回归公式的判定系数基本相同。表7-6是三次多项式拟合的结果，从判定系数来看，明显好于二次多项式拟合的结果。

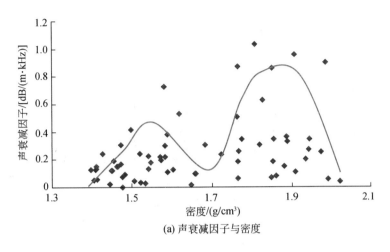

(a) 声衰减因子与密度

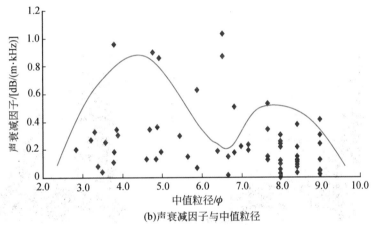

(b)声衰减因子与中值粒径

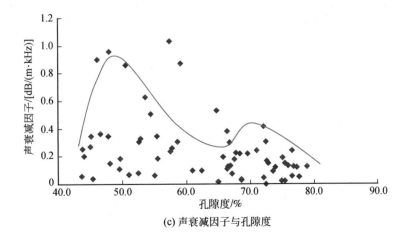

(c) 声衰减因子与孔隙度

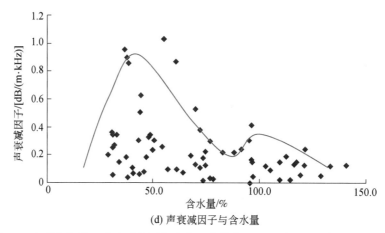

(d) 声衰减因子与含水量

图 7-8　南黄海调查区声衰减因子与密度、中值粒径、孔隙度、含水量的相关性

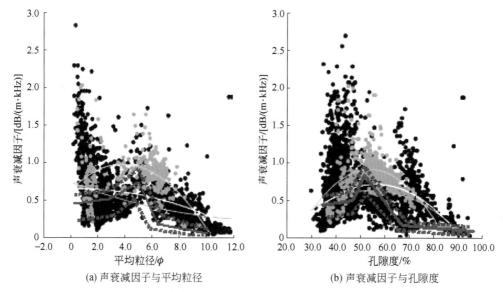

(a) 声衰减因子与平均粒径　　　　　　　　(b) 声衰减因子与孔隙度

图 7-9　声衰减因子与平均粒径和孔隙度的相关性

测量频率 400kHz，黑色圆点代表硅质碎屑沉积物，浅蓝色圆点代表碳酸盐沉积物，红色曲线（实线和虚线）

为绘制的声衰减因子变化趋势

资料来源：Jackson 和 Richardson（2007）

表 7-5　南黄海调查区原位声衰减因子与密度、中值粒径、孔隙度、含水量的回归公式（二次多项式拟合）

相关参数	回归公式	判定系数 R^2
密度（ρ）	$k = -1.514\,4\rho^2 + 5.588\,7\rho - 4.795\,1$	0.178
中值粒径（φ_{50}）	$k = -60.225\varphi_{50}^2 + 7.222\,1\varphi_{50} + 0.174\,2$	0.101
孔隙度（n）	$k = -0.000\,4n^2 + 0.038\,8n - 0.634\,5$	0.167
含水量（w）	$k = 0.000\,002w^2 - 0.003\,1w + 0.453\,3$	0.135

相关参数	回归公式	判定系数 R^2
平均粒径（M_z）	$k=-0.02M_z^2-0.07M_z+0.74$[①]	0.100
孔隙度（n）	$k=0.0006n^2+0.066n-1.121$[②]	0.190

注：预测公式①和②引自 Jackson 和 Richardson（2007）

表7-6　南黄海调查区原位声衰减因子与密度、中值粒径、孔隙度、含水量的回归公式（三次多项式拟合）

相关参数	回归公式	判定系数 R^2
密度（ρ）	$k=-6.4598\rho^3+31.303\rho^2-49.608\rho+25.938$	0.195
中值粒径（φ_{50}）	$k=0.0079\varphi_{50}^3-0.16665\varphi_{50}^2+1.0719\varphi_{50}-1.7725$	0.142
孔隙度（n）	$k=0.00004n^3-0.0082n^2+0.511n-9.9323$	0.188
含水量（w）	$k=0.000006w^3-0.0002w^2+0.0144w+0.0773$	0.152

7.2.4　声阻抗及其与物理性质的相关关系

声阻抗是声速与密度的乘积，沉积物声阻抗是海底沉积物声学特性的重要参数之一。沉积物声阻抗与沉积物物理性质参数之间的回归公式常常被用来遥测和估算沉积物孔隙度、体密度、粒径等沉积物物理性质参数。本节基于在南黄海调查区获取的海底沉积物柱状样品的声速和密度测量数据，分析和讨论沉积物声阻抗与物理力学性质的相关关系。在实验室采用 6 种不同频率（25kHz、50kHz、100kHz、150kHz、200kHz、250kHz）对样品进行声速测量，本节声阻抗特性讨论选用频率为 100kHz 的声速数据。

调查区声阻抗值为（2.0651~3.4567）×10^6kg/（m^2·s），与唐永禄（1998）报道的我国近海海底沉积物声阻抗值相当。其中，粉砂质砂声阻抗最大，为（2.5617~3.4567）×10^6kg/（m^2·s），平均值为3.0744×10^6kg/（m^2·s）。粉砂质黏土声阻抗最小，为（2.0651~2.7029）×10^6kg/（m^2·s），平均值为2.2392×10^6 kg/（m^2·s）。砂质粉砂、粉砂、黏土质粉砂的声阻抗介于粉砂质砂和粉砂质黏土之间，平均值分别为 3.0088×10^6 kg/（m^2·s）、2.8276×10^6 kg/（m^2·s）、2.6568×10^6 kg/（m^2·s）（阚光明等，2014a）。

表7-7 为声阻抗与密度、含水量、孔隙比、孔隙度、液限、塑限、塑性指数、砂粒含量、黏粒含量、中值粒径、压缩系数、抗剪强度等物理性质参数的回归公式，图 7-10 ~图 7-13为声阻抗与物理力学性质参数的相关性。声阻抗与物理力学性质参数相关关系具体分析如下。

表7-7　南黄海调查区沉积物声阻抗与相关参数的回归公式

相关参数	回归公式	判定系数 R^2
密度（ρ）	$Z_a=413082\rho^2+565280\rho+449839$	0.99
含水量（w）	$Z_a=127.4w^2-30191w+3926500$	0.95

相关参数	回归公式	判定系数 R^2
孔隙比（e）	$Z_a = 177\,823\,e^2 - 1\,120\,200\,e + 3\,904\,100$	0.98
孔隙度（n）	$Z_a = 159.94\,n^2 - 52\,994\,n + 5\,201\,300$	0.99
液限（w_L）	$Z_a = 458.86\,w_L^2 - 65\,201\,w_L + 4\,469\,900$	0.92
塑限（w_P）	$Z_a = 2\,825.7\,w_P^2 - 20\,0347\,w_P + 6\,000\,000$	0.84
塑性指数（I_P）	$Z_a = 1\,067.7\,I_P^2 - 80\,790\,I_P + 4\,000\,000$	0.90
砂粒含量（W_S）	$Z_a = -605.82\,W_S^2 + 41\,600\,W_S + 2\,288\,800$	0.47
黏粒含量（W_C）	$Z_a = 201.84\,W_C^2 - 32\,464\,W_C + 3\,476\,300$	0.77
中值粒径（φ_{50}）	$Z_a = (-580.095\,\varphi_{50}^2 + 47.819\,\varphi_{50} + 2.142\,2) \times 10^6$	0.73
压缩系数（α_V）	$Z_a = 104\,314\,\alpha_V^2 - 746\,966\,\alpha_V + 3\,387\,000$	0.90
抗剪强度（S）	$Z_a = -2\,342.2\,S + 122\,152\,S + 1\,890\,400$	0.38

资料来源：阚光明等（2014a）

（1）声阻抗与沉积物基本物理性质参数的相关关系

图 7-10 为声阻抗与沉积物基本物理性质参数的相关性。从表 7-7 和图 7-10 可以看出，声阻抗与密度、含水量、孔隙比和孔隙度等沉积物基本物理性质参数具有非常好的相关性，其判定系数 R^2 均大于或等于 0.95。其中，密度与声阻抗呈正相关关系，密度越大，声阻抗越大；而含水量、孔隙比和孔隙度与声阻抗呈负相关关系，随着含水量、孔隙比和孔隙度的增大，声阻抗减小。沉积物声阻抗为声速与密度的乘积，而沉积物声速在很大程度上与沉积物的可压缩性有关，密度越大，孔隙度越小，沉积物越密实，其可压缩性越小，声速和声阻抗则越大。含水量、孔隙比、孔隙度等参数表述的是沉积物的两相特征，即海底沉积物是由固体骨架和骨架间孔隙中充填的流体组成。基于双相介质弹性波传播理论的数值计算结果，表明沉积物快纵波速度（即沉积物声速）随着孔隙度的增大而减小。因此，作为声速与密度的乘积的声阻抗，具有与沉积物声速基本相同的变化趋势（阚光明等，2014a）。

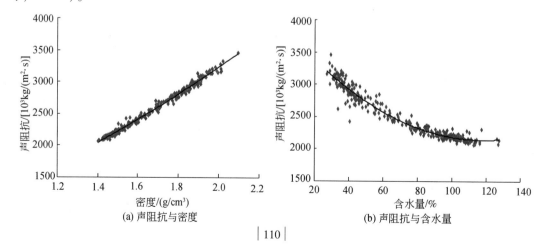

(a) 声阻抗与密度　　(b) 声阻抗与含水量

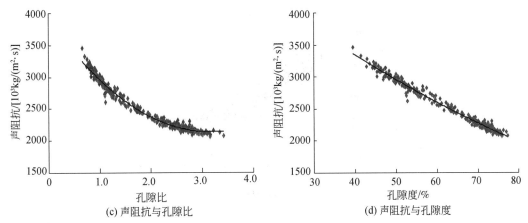

图 7-10　南黄海调查区声阻抗与沉积物基本物理性质参数的相关性

资料来源：阚光明等（2014a）

（2）声阻抗与沉积物可塑性指标的相关关系

图 7-11 为声阻抗与沉积物可塑性参数的相关性。从图 7-11 可以看出，声阻抗与液限、塑限和塑性指数呈现出负相关的关系，即随着液限、塑限和塑性指数的增大，声阻抗越小。液限是指沉积物从塑性状态转变为液性状态时的含水量。塑限是指沉积物从半固体状态转变为塑性状态时的含水量。塑性指数是指沉积物液限与塑限之差，主要反映了沉积物可塑性的强弱。塑性指数主要取决于沉积物中黏粒含量以及黏粒矿物的亲水性，沉积物中黏粒矿物含量及亲水性越高，其塑性指数越大，则其声速和声阻抗越小。沉积物可塑性指标与声阻抗的相关关系和含水量与声阻抗的相关关系类似，但同时受到黏粒矿物含量及亲水性的影响。从表 7-7 可以看出，液限、塑限和塑性指数与声阻抗经验回归公式的判定系数 R^2 均在 0.8 以上，表明沉积物上述可塑性指标参数均与声阻抗具有良好的相关性（阚光明等，2014a）。

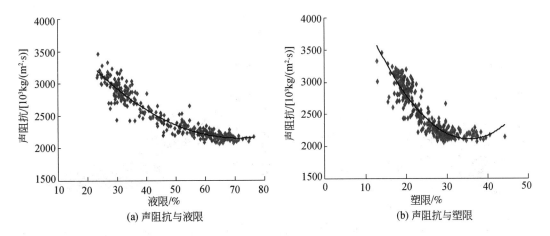

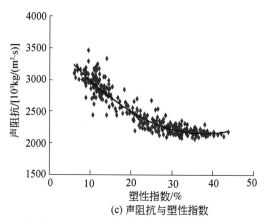

图 7-11　南黄海调查区声阻抗与沉积物可塑性参数的相关性

资料来源：阚光明等（2014a）

（3）声阻抗与沉积物粒度成分的相关关系

图 7-12 为声阻抗与沉积物粒度成分参数的相关性。由表 7-7 和图 7-12 可以看出，和沉积物基本物理性质参数及可塑性参数与声阻抗相关性相比，沉积物粒度成分参数（砂粒含量、黏粒含量、中值粒径）与声阻抗的相关性较差，判定系数 R^2 均小于 0.80。其中，沉积物砂粒含量与声阻抗的判定系数最小，原因可能在于测试样品主要为黏土质沉积物，沉积物砂粒含量较小，砂粒含量较高的沉积物样品数量较少，代表性较差。测试样品的黏粒含量较高，样品数量较多，因此，数据的相关性较好。对比图 7-12（b）和（c）可以看出，黏粒含量和塑性指数与声阻抗的相关性趋势基本相同，从而也证明了沉积物黏粒矿物含量越高，塑性指数越大，声速和声阻抗越小。图 7-12（c）所示的中值粒径与声阻抗相关关系的判定系数 R^2 为 0.73，总体上较低。沉积物声阻抗除受沉积物粒径的影响外，还会受粒度分选性、颗粒形状、颗粒排列状况和沉积矿物类型等因素的影响。因此，即使粒径相同的沉积物，其声阻抗可能也相差很大。而且，对于某一给定粒径的泥质沉积物，固结（排水）实验可以在不改变沉积物平均粒径的情况下降低孔隙度，增加沉积物密度，从而使声阻抗增大（阚光明等，2014a）。

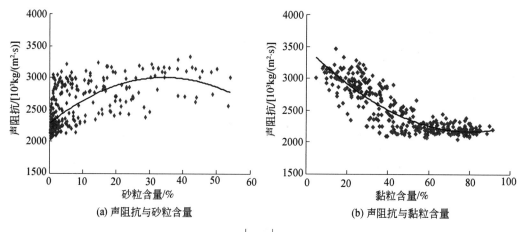

(a) 声阻抗与砂粒含量　　　　　　　　　　(b) 声阻抗与黏粒含量

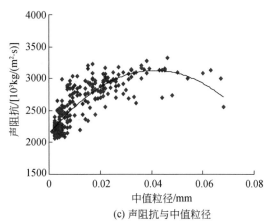

(c) 声阻抗与中值粒径

图 7-12　南黄海调查区声阻抗与粒度成分参数的相关性

资料来源：阚光明等（2014a）

（4）声阻抗与沉积物力学性质参数的相关关系

图 7-13 为声阻抗与沉积物力学性质参数的相关性。由表 7-7 和图 7-13 可以看出，沉积物压缩系数与声阻抗具有良好的相关性，判定系数 R^2 为 0.90；而抗剪强度与声阻抗的相关性较差，判定系数 R^2 只有 0.38。压缩系数是体积弹性模型的倒数，反映了沉积物的压缩性和膨胀性。卢博等（2006）认为，沉积物只有存在可压缩性和膨胀性时，才有可能使声波在沉积物中传播，在某种意义上，沉积物的压缩性决定了声速的变化。因此，压缩系数同样也决定了声阻抗的变化，二者有密切的相关关系。抗剪强度反映了沉积物的刚性，且与沉积物声速和声阻抗的相关性不强。因此，利用抗剪强度进行沉积物声速和声阻抗的预测或者采用声阻抗来遥测沉积物抗剪强度，将会带来较大误差（阚光明等，2014a）。

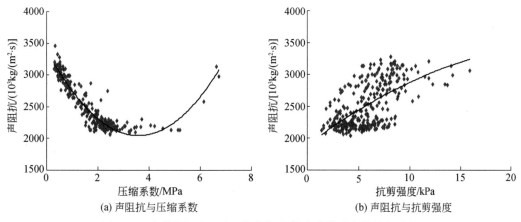

(a) 声阻抗与压缩系数　　　　　　(b) 声阻抗与抗剪强度

图 7-13　南黄海调查区声阻抗与沉积物力学性质参数的相关性

资料来源：阚光明等（2014a）

（5）声阻抗回归公式与声速回归公式对比分析

表 7-8 为声速与物理性质的回归公式。沉积物声阻抗是沉积物声速与密度的乘积，其

与声速之间关系密切，但声阻抗和声速是两个物理含义完全不同的沉积物声学特性参数，声速反映的是声波在沉积物中传播的快慢，而声阻抗则反映的是沉积物阻止声波在其中传播的特性。因此，声阻抗与沉积物物理性质的相关关系和声速与沉积物物理性质的相关关系之间存在差异。

对比表7-8和表7-7可以看出，两个表中所列的主要物理参数与声阻抗的相关系数均大于与声速的相关系数，说明这些参数与声阻抗具有更好的相关性，也说明声阻抗是一个能够更好地反映声学特性与物理性质关系的沉积物声学特性参数。所以，在很多应用方面，研究人员将声阻抗作为对沉积物物理参数进行声学遥测的重要参数之一。

表7-8　南黄海调查区声速与物理性质的回归公式

相关参数	回归公式	判定系数 R^2
密度（ρ）	$c_p = 102.43\rho^2 - 93.608\rho + 1394.9$	0.85
含水量（w）	$c_p = 0.0208w^2 - 4.5364w + 1724$	0.86
孔隙比（e）	$c_p = 30.454e^2 - 173.54e + 1724.1$	0.90
孔隙度（n）	$c_p = 0.0522n^2 - 10.75n + 1985.9$	0.90
液限（w_L）	$c_p = 0.0748w_L^2 - 9.9913w_L + 1810.5$	0.86
塑限（w_P）	$c_p = 0.4033w_P^2 - 28.137w_P + 1960.0$	0.79
塑性指数（I_P）	$c_p = 0.1681I_P^2 - 11.952I_P + 1688.5$	0.84
砂粒含量（W_S）	$c_p = -0.0708W_S^2 + 5.3764W_S + 1490.2$	0.46
黏粒含量（W_C）	$c_p = 0.0293W_C^2 - 4.5143W_C + 1651.7$	0.63
中值粒径（φ_{50}）	$c_p = -69539\varphi_{50}^2 + 6167.1\varphi_{50} + 1470.8$	0.66
压缩系数（α_V）	$c_p = 13.396\alpha_V^2 - 97.188\alpha_V + 1636.6$	0.82
抗剪强度（S）	$c_p = -0.2725S + 14.899S + 1444.9$	0.29

资料来源：阚光明等（2014a）

7.2.5　剪切波速度及其与物理性质的相关关系

南黄海调查区剪切波速度为12.05~74.55m/s，其中最小剪切波速度（12.05m/s）出现在含水量较高的粉砂质黏土沉积物中。调查区沉积物剪切波波速测量包括粉砂质砂、砂质粉砂、粉砂、黏土质粉砂、粉砂质黏土5种类型沉积物，表7-9中列出了不同类型沉积物的平均剪切波速度。国外曾报道波罗的海埃肯弗德湾的高孔隙度沉积物剪切波速度约为7.7m/s（Jackson and Richardson，2007），与本书报道的最小剪切波速度（12.05m/s）基本一致。测量得到的最大剪切波速度（74.55m/s）的沉积物类型为含水量相对较低的粉砂质砂。潘国富等（2006）指出近海较细颗粒沉积物（粉砂）的剪切波速度在100m/s左右，更细颗粒的沉积物（黏土质粉砂）的剪切波速度在100m/s以下，这与本书所给出的最大剪切波速度基本相当。从表 7-9 可以看出，调查区所涉及的沉积物均为颗粒较细的粉砂或黏土质粉砂，剪切波速度相对较低。从表 7-9 也可以看出，粉砂质砂的剪切波速度最高，平均值为 31.30m/s；粉砂质黏土的剪切波速度最低，平均值为 21.86m/s；砂质粉砂、粉砂、黏土质粉砂的剪切波速度平均值处于二者之间，且剪切波速度依次减小，平均值分别为 29.70m/s、28.71m/s 和 25.61m/s。剪切波速度与密度、含水量、孔隙度等沉积物物理性质参数具有很好的相关性，一般随密度增大而增大，随含水量、孔隙度的增大而减小。

表 7-9 南黄海调查区沉积物剪切波速度和物理性质参数统计

相关参数	粉砂质砂	砂质粉砂	粉砂	黏土质粉砂	粉砂质黏土
剪切波速度/(m/s)	31.30	29.70	28.71	25.61	21.86
中值粒径/mm	0.0674	0.0323	0.0216	0.0184	0.0031
密度/(g/cm^3)	1.954	1.876	1.825	1.746	1.518
含水量/%	34.4	38.5	44.5	57.1	93.5
孔隙度/%	45.7	49.5	52.5	57.4	70.8
液限/%	25.1	28.6	32.5	39.0	58.6
塑限/%	16.6	18.5	20.2	22.0	28.9
塑性指数/%	8.6	10.1	12.3	17.0	29.7
压缩系数/MPa	0.48	0.67	0.76	1.16	2.13
抗剪强度/kPa	6.31	6.94	7.14	6.44	4.49

注：表中每种类型沉积物的剪切波速度为多个站位的平均值

资料来源：阚光明等（2014a）

剪切波速度与密度、含水量、孔隙比、孔隙度、液限、塑限、压缩系数、抗剪强度等物理性质参数的相关性如图 7-14 所示。沉积物剪切波速度与上述物理性质参数的回归公式见表 7-10。图 7-14 表明，沉积物剪切波速度与密度、含水量、孔隙比、孔隙度、液限、塑限、压缩系数、抗剪强度等物理性质参数之间均具有较好的相关性，判定系数 R^2 均大于 0.60。

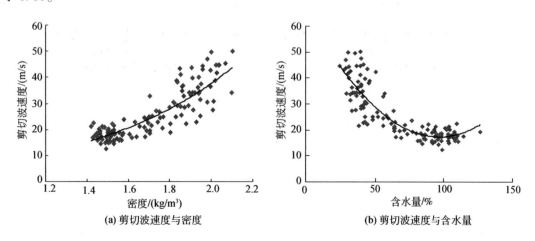

(a) 剪切波速度与密度 (b) 剪切波速度与含水量

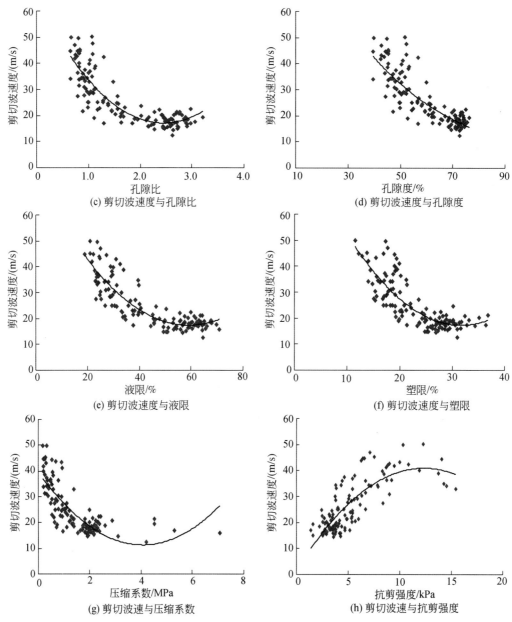

图 7-14　南黄海调查区剪切波速度与物理力学性质参数的相关性

表 7-10　南黄海调查区剪切波速度与物理力学性质参数的回归公式

相关参数	回归公式	判定系数 R^2
密度（ρ）	$c_s = 1.8531 \mathrm{e}^{1.5\rho}$	0.77
含水量（w）	$c_s = 0.0053w^2 - 1.0263w + 66.815$	0.76
孔隙比（e）	$c_s = 7.8319e^2 - 38.51e + 64.461$	0.74
孔隙度（n）	$c_s = 127.1 \mathrm{e}^{-0.0274n}$	0.76

相关参数	回归公式	判定系数 R^2
液限 (w_L)	$c_s = 0.0165 w_L^2 - 1.9561 w_L + 75.363$	0.76
塑限 (w_P)	$c_s = 0.0746 w_P^2 - 4.7274 w_P + 92.151$	0.67
压缩系数 (α_V)	$c_s = 1.6823 \alpha_V^2 - 13.757 \alpha_V + 39.449$	0.64
抗剪强度 (S)	$c_s = -0.7566 S^2 + 6.3374 S + 1.8244$	0.66

资料来源：阚光明等（2014a）

从图 7-14（a）可以看出，剪切波速度与密度呈正相关关系，随着密度的增大，剪切波速度呈指数形式增大，判定系数为 0.77（表 7-10）。密度是指海底浅表层沉积物在一定单位体积内的颗粒总重与总体积之比，在一定体积内颗粒总重越大，表明介质中颗粒所占重量的比例越大，这也解释了沉积物密度越大，则剪切波速度也越大的现象。图 7-14（b）~（d）表明，剪切波速度与含水量、孔隙比、孔隙度呈负相关关系，即随着含水量、孔隙比、孔隙度的增大，剪切波速度减小。可以采用二次多项式对剪切波速度与含水量和孔隙比的相关性进行拟合，且拟合效果很好，判定系数分别为 0.76 和 0.74；剪切波速度与孔隙度则呈现出明显的指数关系，判定系数为 0.76。含水量、孔隙比、孔隙度等参数表述的是沉积物的两相特征，即海底沉积物由固体骨架和骨架间孔隙中充填的流体组成。高含水量高、高孔隙度的沉积物表现出更大的流体性质，而低含水量、低孔隙度的沉积物则表现出更多的弹性性质。因此，在低含水量、低孔隙度的沉积物中，剪切波速度一般较高。相关测试数据表明，粒度大小基本相同的黏土，近岸低含水量、低孔隙度的硬黏土的剪切波速度可超过 200m/s，而近海高含水量、高孔隙度的黏土的剪切波速度却非常低，常低于 50m/s，甚至低于 20m/s。这与本书剪切波速度的测试结果以及剪切波速度与含水量、孔隙比和孔隙度的关系相一致（阚光明等，2014a）。

从图 7-14（e）和（f）可以看出，剪切波速度与沉积物液限、塑限呈负相关关系，随着液限、塑限的增大，沉积物剪切波速度呈明显的减小趋势。剪切波速度与沉积物液限和塑限之间的相关性可采用二次多项式拟合，且具有较高的判定系数，分别为 0.76 和 0.67。沉积物液限和塑限的值高在一定程度上表明黏粒含量高、颗粒细、孔隙多，因而剪切波速度小。从图 7-14（g）和（h）可以看出，剪切波速度与沉积物压缩系数呈负相关关系，而与抗剪强度呈正相关关系。剪切波速度与沉积物压缩系数和抗剪强度之间的相关性可采用二次多项式进行拟合，判定系数分别为 0.64 和 0.66。压缩系数是单位压力变化引起的介质单位体积的变化，其倒数为体积模量，反映沉积物的可压缩性。沉积物压缩波速度一般与体积模量呈正相关，与压缩系数呈负相关，而沉积物剪切波速度与压缩波速度一般呈线性正相关，这也解释了剪切波速度与沉积物压缩系数的负相关关系。抗剪强度是沉积物主要的力学特性参数之一，是沉积物抵抗剪切破坏的极限能力。沉积物抗剪强度反映了沉积物承载剪切应力的能力，抗剪强度大说明承载剪切应力能力强，也就越有利于剪切波的传播。反之，如果沉积物的抗剪强度非常小，则说明其不支持剪切波传播，即剪切波速度非常小或为 0。图 7-14（h）所示的相关性以及表 7-10 中给出的剪切波速度与抗剪强度的回归公式也说明了剪切波速度与抗剪强度的正相关关系（阚光明等，2014a）。

7.3 东　　海

　　调查区位于东海陆架区，该陆架区是世界上最宽阔平缓的陆架之一，物源主要来自长江和黄河携带的大量陆源碎屑物质，是我国东部大陆边缘主要的陆源沉积区。东海陆架表层沉积物主要包括砂、粉砂、粉砂质砂、砂质粉砂和砂质泥。其中，粉砂质砂主要分布在中部和东南部，分布面积较广，呈北西向分布；砂质粉砂主要分布在长江口、123°E 南北向区域和东北部；其余三类沉积物呈零星分布。陆架中部砂质沉积区是东海最大的沉积区，包括了 50～120m 等深线的大部分陆架区。区域内沉积物粒度由海向陆变细，反映沉积物物源以陆架源为主（王中波等，2012）。

　　采用图 4-8 所示的压载式海底沉积声学原位测量系统在东海 8 个站位开展底质声学原位测量（图 7-15），站位水深为 52～105m。声学原位测量的工作参数：①发射波形为脉冲波；②声波频率为 30kHz；③采样率为 10MHz；④采样长度为 16K（采样点）。测量过程中利用声速剖面仪（sound velocity profiler，SVP）同步采集了各个站位的海水声速剖面。

(a) 东海原位沉积声学测量中使用的压载式
海底沉积声学原位测量系统

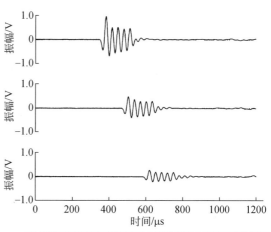

(b) 东海原位沉积声学测量中接收到的三通道原始波形

图 7-15　东海海底沉积声学原位测量及记录的三通道原始波形

　　在声学原位测试过程中，利用原位测量系统携带的柱状取样器在 8 个站位同步采集了浅表层沉积物样品，样品直径约为 7.5cm，长度为 17～40cm。采用第 3 章介绍的同轴差距测量法在实验室开展了样品地声属性参数的取样测量。本次取样测量未单纯使用集成化的数字声波仪，使用的测量仪器主要包括信号发生器、WSD-3 型数字声波仪、取样测量平台（图 3-3）和平面活塞换能器（图 3-18）。测量方法为利用信号发生器产生指定频率和周期个数的正弦波信号，经功率放大器后传送给发射换能器，使用 WSD-3 型数字声波仪采集和记录接收换能器接收的经过沉积物样品传播后的信号，并利用 WSD-3 型数字声波仪的外触发功能触发信号发生器发射声波，实现发射和采集的精确同步。实验室测量的工作参数：①发射波形为正弦波；②发射周期为 3~5 个；③发射频率为 47kHz、52kHz、75kHz 和 87kHz；④采样率为 10MHz；⑤采样长度为 4K（采样点）；⑥样品长度测量精度 为 0.1mm。

表 7-11 列出了 8 个站位沉积物地声属性测量结果。表 7-11 显示，8 个站位的原位声 速范围为 1568.8~1627.3m/s，平均值为 1598.3m/s，声速比范围为 1.03~1.07，平均值 为 1.05，属于高声速沉积物。声衰减系数变化范围为 4.16~11.08dB/m，对应的声衰减因 子范围为 0.139~0.370dB/(m·kHz)。在 8 个站位中，测量频率 47kHz、52kHz、75kHz、 87kHz 的平均声速分别为 1618.1m/s、1620.3m/s、1635.7m/s、1639.4m/s。从平均声速 来看，实验室取样测量声速略高于原位测量声速，主要原因：①取样测量频率高于原位测 量频率；②由原位环境到实验室测试环境，样品温度升高。表 7-12 列出了 8 个站位沉积 物物理性质测量结果，沉积物密度为 1.86~1.96g/cm³，平均值为 1.90g/cm³；含水量为 27.7%~39.0%，平均值为 33.6%；孔隙度为 43.0%~51.0%，平均值为 47.6%。

表 7-11 东海调查区沉积物地声属性测量结果

站位	原位测量声速和声衰减系数				实验室测量声速/(m/s)			
	声速/(m/s)	声速比	声衰减系数/(dB/m)	声衰减因子/[dB/(m·kHz)]	47kHz	52kHz	75kHz	87kHz
T1	1568.8	1.03	4.16	0.139	1589.3	1588.3	1604.4	—
T2	1605.7	1.05	6.85	0.228	1612.7	1614.5	1632.7	1629.9
T3	1612.1	1.06	7.72	0.257	1635.3	1626.7	1644.7	1642.6
T4	1591.1	1.04	7.31	0.244	1589.6	1603.1	1610.9	1616.2
T5	1591.1	1.04	7.31	0.370	1581.1	1600.6	1610.7	1611.8
T6	1627.3	1.07	11.08	0.140	1660.7	1652.3	1681.3	1670.9
T7	1593.6	1.04	4.19	0.253	1630.2	1624.3	1641.1	1636.1
T8	1596.3	1.05	7.59	0.234	1645.9	1652.3	1660.1	1668.2

表 7-12 东海调查区沉积物物理性质测试结果

站位	密度/(g/cm³)	孔隙度/%	含水量/%	砾粒含量/%	砂粒含量/%	粉砂含量/%	黏土含量/%	平均粒径/φ	中值粒径/φ
T1	1.87	51.0	38.2	0.0	60.9	10.5	28.6	4.98	3.21
T2	1.92	46.0	30.4	0.0	63.2	12.5	24.3	4.97	3.24
T3	1.88	48.0	34.0	0.0	72.4	8.7	18.9	4.61	2.82
T4	1.90	48.0	33.6	0.0	60.7	9.7	29.6	5.03	3.26
T5	1.87	51.0	39.0	0.0	64.5	10.6	24.9	4.79	3.01
T6	1.96	43.0	27.7	3.5	71.7	5.1	19.7	4.33	2.26
T7	1.86	49.0	34.9	0.0	73.6	9.6	16.8	4.08	2.29
T8	1.94	45.0	30.6	0.0	61.0	14.7	24.3	4.76	3.03

图 7-16 和图 7-17 为东海实测原位声速比和声衰减因子与湿密度、孔隙度、平均粒径等物理性质参数的相关性，图中曲线根据 Jackson 和 Richardson（2007）给出的回归公式与阚光明等（2013）基于南黄海原位声速数据建立的回归公式计算得到。为方便进行结果对比分析，图 7-16 中采用原位声速比来表示海底沉积物声速。从图 7-16 可以看出，东海调查区实测声速比与 Jackson 和 Richardson（2007）及阚光明等（2013）给出的声速比–湿密度和声速比–孔隙度的回归曲线的变化趋势基本一致，实测声速比数值略低于 Jackson 和 Richardson（2007）给出的声速比–湿密度回归公式和声速比–孔隙度回归公式的计算结果，而略高于阚光明等（2013）给出的声速比–湿密度回归公式和声速比–孔隙度回归公式的计算结果；实测声速比分布于声速–平均粒径回归公式曲线的两侧，但偏差相对较大。如图 7-17 所示，实测声衰减因子仅在某几个数据点上与 Jackson 和 Richardson（2007）回归公式的预测结果符合相对较好，总体来说与 Jackson 和 Richardson（2007）、阚光明等（2013）给出的回归公式预测结果偏差较大，这也反映出海底沉积物声衰减特性的复杂性。

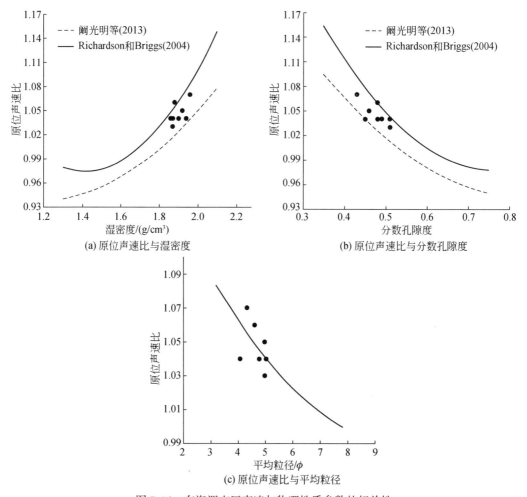

图 7-16　东海调查区声速与物理性质参数的相关性

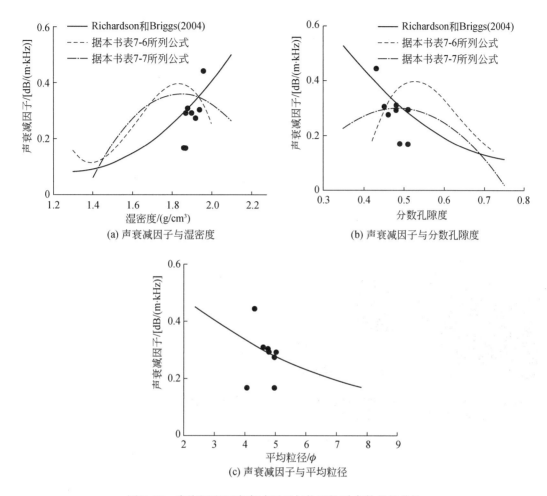

图 7-17　东海调查区声衰减因子与物理性质参数的相关性

7.4　南海北部

　　调查区位于南海北部陆架，南海北部陆架以陆源碎屑沉积为主，主要底质类型及分布如下：①砾质砂主要分布在珠江口以南大陆架，其中生物碎屑较为常见；②砂主要分布在116°E以东，水深50～200m的中外陆架上，具有由西向东逐渐变粗的分布特征，113°E以东的外陆架前缘200m水深附近砂质沉积物是早期海滨地带高能沉积物环境的产物，其余主要分布在北部湾—中南半岛沿岸河口、海南岛西部和西南部近岸陆架区；③黏土质粉砂呈平行海岸狭长分布；④粉砂质黏土主要分布在珠江口以西，50～200m水深的广阔大陆架上，呈片状或条带状分布（赵利等，2016；闫慧梅等，2016）。

　　采用图4-8所示的压载式海底沉积声学原位测量系统在南海北部12个站位开展了海底声学原位测量（图7-18），原位测量站位水深位于94～1200m。声学原位测量的工作参数：①发射波形为脉冲波；②声波频率为30kHz；③采样率为10MHz；④采样长度为20K（采样点）。测量过程中利用声速剖面仪同步采集了各个站位的海水声速剖面。在上述原位测量和其他站位开展了海底沉积物柱状取样，取样站位水深最浅处约为112m，最深处达3490m。在实验室进行了沉积物声速和剪切波速度的取样测量，样品沉积物声速的取样测量采用图3-1（a）所示的纵向测量方式，测量方法与东海沉积物样品地声属性取样测量方法相同，仪器主要包括美国泰克公司生产的AFG3021B信号发生器、重庆奔腾数控技术研究所生产的WSD-3型数字声波仪接收声波信号、L50W-M功率放大器、平面活塞换能器（图3-18）和取样测量平台（图3-3），声速测量频率为100kHz。剪切波速测量使用图3-19所示的弯曲元剪切波测试系统，测量频率为1kHz。

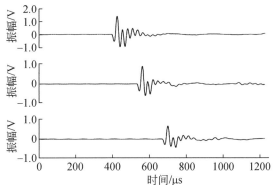

(a) 南海北部调查区原位沉积声学测量中使用的
压载式海底沉积声学原位测量系统

(b) 南海原位沉积声学测量中接收到的三通道原始波形

图7-18 南海北部调查区海底沉积声学原位测量及记录的三通道原始波形

7.4.1 原位测量声速和声衰减系数及其与物理性质的相关关系

将在南海北部12个站位获得的海底沉积物原位声速和沉积物平均粒径，与多个基于粒径的声速和声衰减系数预测方程（回归公式）的预测结果进行了对比，如图7-19所示。图7-19中所示的预测曲线表明，沉积物声速与粒径之间呈二次方关系，即声速随粒径的增大（平均粒径Φ值的减小）而增大。实测声速大都介于Hamilton和Bachman（1982）回归公式与Liu等（2013）回归公式的预测曲线之间。除T4和T15站位外，其余站位实测声速与Hamilton和Bachman（1982）回归公式、Richardson和Briggs（2004）回归公式预测结果比较接近。T4站位沉积物为粉砂质砂，颗粒较粗，且实测声速低于Richardson和Briggs（2004）回归公式、Hamilton和Bachman（1982）回归公式的预测值，更接近与Liu等（2013）回归公式的预测值。T15位于水深1200m的南海北部陆坡，沉积物为黏土质粉砂，颗粒较细，且实测声速低于Richardson和Briggs（2004）回归公式、Hamilton和Bachman（1982）回归公式的预测值，声速比小于1，属于低声速沉积物，该站位实测声速与Liu等（2013）回归公式的预测结果基本一致。Hamilton和Bachman（1982）认为沉积物声速是由孔隙流体、矿物颗粒和矿物骨架的可压缩性、密度、刚度等共同决定的，低声速现象的存在是由于高含水量的沉积物的刚度和压缩性较低。海底沉积物作为由沉积物颗粒与海水组成的双相介质，声波在海底沉积物中的传播特征很大程度上取决于双相介质的可压缩性，在高含水量和高孔隙度区域，表层沉积物有可能形成低声速层。潘国富（2003）、卢博等（2007）的研究表明，南海北部陆坡的部分深水区域存在低声速沉积物，与本试验航次的测试结果一致。由于本次原位测量所涉及的沉积物类型较少，与沉积物地声属性测量站位相对应的沉积物物理性质变化范围太小，原位声速与沉积物物理性质的相关性不具有很好的代表性，未建立调查区的原位地声属性与物理性质的回归公式。

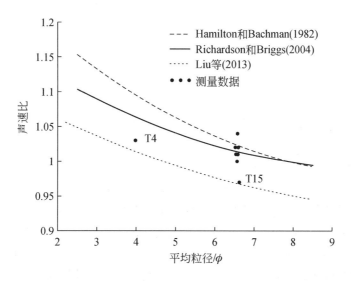

图 7-19　南海北部调查区原位声速比与平均粒径的相关性

海底沉积物中声波能量的耗散与孔隙流体的黏滞运动、颗粒间的摩擦或黏着力及颗粒骨架与孔隙流体间的相对运动等有关。此外，贝壳或粗砾等非均匀体对高频声波的体积散射也是造成声波能量损失的因素。在南海北部调查区 12 个站位获得的海底沉积物原位声衰减系数（以声衰减因子的形式表示）与沉积物平均粒径的相关性如图 7-20 所示。沉积物类型为粉砂质砂的 T4 站位的声衰减因子最大，为 0.27dB/（m·kHz）；沉积物类型为黏土质粉砂的 T15 站位的声衰减因子最小，为 0.13dB/（m·kHz）。将本次测量所获得的海底沉积物声衰减因子及 Richardson 和 Briggs（2004）基于原位沉积声学测量系统获取的沉积物声衰减系数数据建立的声衰减因子与平均粒径回归公式曲线进行了对比（图 7-20）。图 7-20 显示，本次测量所获得海底沉积物声衰减因子总体上小于 Richardson 和 Briggs（2004）回归公式预测值，实测声衰减因子与预测值符合度不高，从而也说明了海底声衰减机理的多样性和复杂性。

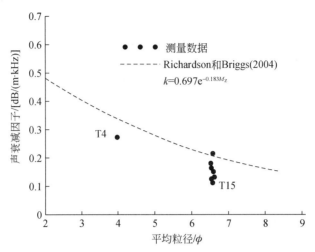

图 7-20　南海北部调查区原位声衰减因子与平均粒径的相关性

7.4.2　取样测量声速和剪切波速度与物理性质关系

海底沉积物样品声速取样测量结果表明，南海北部海底沉积物声速（100kHz）最小值为 1464.5m/s，最大值为 1780.4m/s，声衰减系数（100kHz）介于 1.27~159.34dB/m。与沉积物声速测量所对应的沉积物物理性质测量结果表明，密度介于 1.27~1.98g/cm³，含水量介于 25.2%~173.0%，孔隙度最小值为 42.0%，最大值达 82.0%。剪切波速度（1kHz）最小值为 16.0m/s，最大值为 73.3m/s，与南黄海剪切波速度范围基本一致。南海北部海底沉积物取样测量声速和剪切波速度与密度、分数孔隙度的相关性分别如图 7-21 和图 7-22 所示。表 7-13 列出了声速和和剪切波速度与密度、分数孔隙度的回归公式。从图 7-21、图 7-22 和表 7-13 可以看出，调查区取样测量声速和剪切波速度与密度和分数孔隙度均具有很高的相关性，回归公式的判定系数均较高。声速和剪切波速度与密度和分数

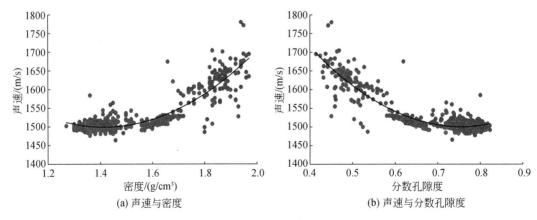

(a) 声速与密度　　　　　　(b) 声速与分数孔隙度

图 7-21　南海北部调查区取样测量声速与密度和分数孔隙度的相关性

孔隙度的关系与已有研究成果基本一致，声速和剪切波速度与密度呈正相关关系，随着密度增大，二者均增大；声速和剪切波速度与分数孔隙度呈负相关关系，随着分数孔隙度增大，二者均减小。

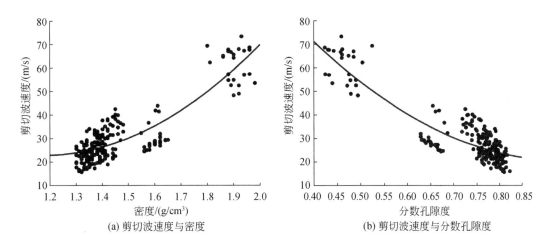

(a) 剪切波速度与密度   (b) 剪切波速度与分数孔隙度

图 7-22　南海北部调查区取样测量剪切波速度与密度和分数孔隙度的相关性

表 7-13　南海北部调查区取样测量声速和剪切波速度与物理性质的回归公式

声速回归公式			剪切波速度回归公式		
相关参数	回归公式	判定系数 R^2	相关参数	回归公式	判定系数 R^2
密度（ρ）	$c_s = 596.1\rho^2 - 1\,686.8\rho + 2692.9$	0.81	密度（ρ）	$c_s = 69.1\rho^2 - 162.1\rho + 117.9$	0.76
分数孔隙度（β）	$c_s = 1\,696.7\beta^2 - 2\,567\beta + 2\,470.4$	0.83	分数孔隙度（β）	$c_s = 179.4\beta^2 - 334.0\beta + 176.2$	0.79

7.5　菲律宾海

　　调查区位于菲律宾海，水深为 3164 ~ 5592m。采用柱状取样器在 18 个站位获得了海底沉积物样品，获得的沉积物样品长度范围为 0.27 ~ 2.79m。在实验室对获得的沉积物样品进行地声属性测量和物理性质测试。地声属性测量基于第 3 章介绍的同轴差距测量法，采用 7.3 节所介绍的信号发生器和数字声波仪相结合的方法，除测量频率外，其他测量设置参数与东海样品测量设置参数相同，菲律宾海样品采用 3 种频率的平面换能器，频率分别为 47kHz、94kHz、247kHz。样品地声属性测量完成后，采用 PVC（聚氯乙烯）盖、保鲜膜和胶带将样品密封好，防止水分流失，以保证其后物理参数测量的准确性。沉积物密度采用环刀法进行测量，含水量采用烘干法进行测量，孔隙度利用颗粒密度、含水量等数据计算获得。

　　测量结果显示，菲律宾海频率为 47kHz 的声速最小值为 1468.5m/s，最大值为 1548.2m/s，平均值为 1497.5m/s，对应的声速比最小值、最大值和平均值分别为 0.97、

1.02 和 0.99。频率为 94kHz 的声速最小值为 1469.2m/s，最大值为 1572.1m/s，平均值为 1500.5m/s，对应的声速比最小值、最大值和平均值分别为 0.97、1.04 和 0.99。频率为 247kHz 的声速最小值为 1490.6m/s，最大值为 1564.5m/s，平均值为 1512.4m/s，对应的声速比最小值、最大值和平均值分别为 0.98、1.03 和 1.00。从 3 种频率的声速和声速比测量结果来看，海底沉积物总体上属于低声速沉积物，这与深海沉积颗粒较细、含水量较高的物理性质有关。频率为 47kHz 的声阻抗最小值为 $1.891×10^6$kg/(m^2·s)，最大值为 $2.661×10^6$kg/(m^2·s)，平均值为 $2.152×10^6$kg/(m^2·s)。频率为 94kHz 的声阻抗最小值为 $1.958×10^6$kg/(m^2·s)，最大值为 $2.704×10^6$kg/(m^2·s)，平均值为 $2.160×10^6$kg/(m^2·s)。频率为 247kHz 的声阻抗最小值为 $1.943×10^6$kg/(m^2·s)，最大值为 $2.513×10^6$kg/(m^2·s)，平均值为 $2.152×10^6$kg/(m^2·s)。菲律宾海海底沉积物声阻抗总体上小于黄海海底沉积物声阻抗。沉积物密度最小值为 1.26g/cm^3，最大值为 1.70g/cm^3，平均值为 1.41g/cm^3；孔隙度最小值为 66.5%，最大值为 84.8%，平均值为 77.3%，沉积物密度相对较小，含水量较高。

图 7-23 为菲律宾海调查区取样测量声速和声阻抗与分数孔隙度和密度的相关性。图 7-23（a）显示，当分数孔隙度小于 0.78 时，沉积物声速随分数孔隙度的增加而减小；当分数孔隙度大于 0.78 时，沉积物声速随分数孔隙度的增加而增大。王景强等（2016）在南沙海域测量的沉积物声速范围为 1402～1627m/s，而且结果显示水深大于 1000m 的陆坡和海槽区的海底沉积物声速小于水深较浅的陆架区，菲律宾海域声速范围和变化趋势与王景强等（2016）的结论基本一致。图 7-23（b）显示，当密度小于 1.33g/cm^3 时，声速随密度增大而减小；当密度大于 1.33g/cm^3 时，声速随密度的增大呈增大的趋势。菲律宾海调查区沉积物密度范围为 1.26～1.70g/cm^3，与南沙海域深海沉积物密度（1.28～1.84g/cm^3 和 1.1～1.83g/cm^3）基本一致（卢博，1997；王景强等，2016），比黄海调查区沉积物密度（1.54～1.94g/cm^3）和东海调查区沉积物密度（1.86～1.96g/cm^3）等浅海沉积物密度稍低（阚光明等，2013）。

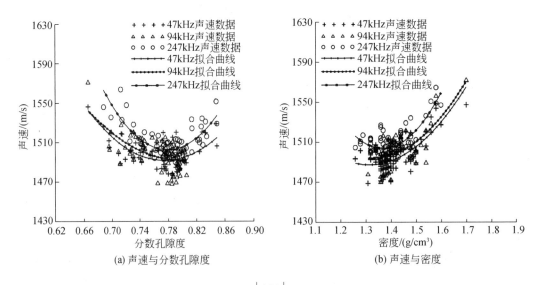

(a) 声速与分数孔隙度　　(b) 声速与密度

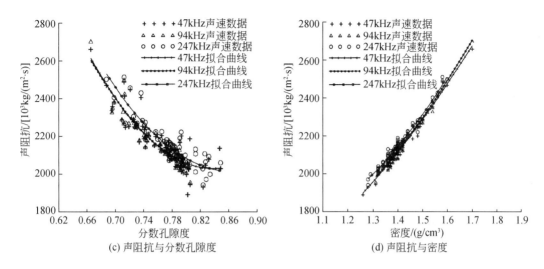

图 7-23　菲律宾海调查区取样测量声速和声阻抗与分数孔隙度和密度的相关性

7.6　沉积物声速和声衰减系数的频率相关性

7.6.1　理论模型对地声属性的频率相关性的预测

　　海底沉积物实际上是由固体骨架和骨架孔隙中的流体组成的双相介质，声波在这种介质中的传播速度（即声速）随频率不同而存在差异，也就是说沉积物声速具有频散特性。另外，声波在海底沉积物中传播的声衰减系数也与声波频率存在相关性。研究人员采用理论模型计算和经验关系回归分析等不同方法对海底沉积物声速与声衰减系数的频率相关性进行了分析和研究。Hamilton（1980）根据大量的实验数据给出了海底沉积物中声速和声衰减系数与沉积物类型（由平均颗粒粒径或孔隙度决定）和频率的经验关系式，经验关系式显示声速频散很弱以至于可以被忽略，在频率范围（从几赫兹到上兆赫兹）内，声衰减系数与测量频率呈（或近似）线性关系。

　　本书第 2 章介绍的 Biot-Stoll 模型、EDF 模型、GS 模型等声波传播理论模型可以预测速度和声衰减系数对频率的依赖关系（Biot，1956a，1956b，1962a，1962b；Stoll and Bryan，1970；Stoll，1977，1985，1989，1995；Williams et al.，2002a；Buckingham，1997，1998，2000，2005）。Biot-Stoll 模型、EDF 模型、GS 模型得到的沉积物中声速和声衰减系数随频率变化曲线如图 7-24 和图 7-25 所示。图 7-24 和图 7-25 中预测曲线显示，Biot-Stoll 模型预测的声速频散显著频段为 1 ~ 10kHz，小于 1kHz 的低频段和大于 10kHz 的高频段的声速频散相对较弱；声衰减系数在低频段与频率的平方成正比，在高频段与频率的平方根成正比，两者的分界频率为特征频率 f_c，Biot（1956a，1956b）给出了特征频率的计算公式：

$$f_c = \frac{\beta\eta}{2\pi\rho_w\kappa} \qquad (7\text{-}1)$$

EDF 模型与 Biot-Stoll 模型预测结果相近，由此可以得知假设框架模量为 0 对声速和声衰减系数的预测结果影响较小。GS 模型预测的声速与频率近似呈对数关系，预测的声衰减系数在整个计算频段（0.1~100kHz）内与频率呈近似线性关系。

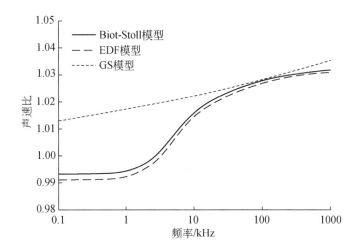

图 7-24　三种理论模型预测的声速随频率变化曲线

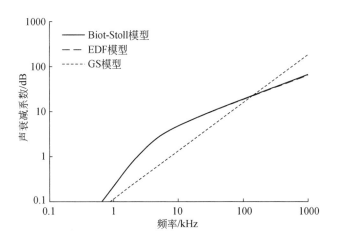

图 7-25　三种理论模型预测的声衰减系数随频率变化曲线

虽然 Biot-Stoll 模型和 GS 模型都可以用来预测沉积物中声速和声衰减系数随频率的变化关系，但它们所依据的理论机制不同。在 Biot-Stoll 模型中，孔隙水和固体框架间的相对运动是导致声速频散和声衰减的重要物理机制，GS 模型则认为颗粒间的剪切作用是引起其声学响应的主要物理机制。二者所依据的物理机制不同，其预测结果也不一致，并且与实际测量的结果均有所差异。EDF 模型是 Biot-Stoll 模型的简化，除了将海底沉积物颗粒骨架体积模量设置为 0 外，其他参数与 Biot-Stoll 模型相同。

7.6.2 海底沉积物地声属性频率相关性分析

本节基于在南黄海中部采集的大量表层沉积物样品的物理性质和声学特性实测数据，选择砂–粉砂–黏土、黏土质粉砂和粉砂质黏土三种典型沉积物作为研究对象，分析不同类型沉积物声速的频散特征及差异，并通过选择合理的理论模型输入参数取值，研究理论模型预测结果与参数取值的相关性，以期能够准确表征该海域表层沉积物的声速频散特征。

砂–粉砂–黏土、黏土质粉砂和粉砂质黏土三种类型的样品分别编号为 A、B 和 C。表 7-14 和表 7-15 分别为沉积物的物理性质测试结果和多频声速测试结果。表 7-14 显示，三种类型的样品的颗粒组分含量、平均粒径、体密度和含水量、分数孔隙度等均存在较大的差别：颗粒较粗的样品 A 砂粒含量和粉粒含量高于样品 B 和 C；样品 A 的体密度大于样品 B 和 C，含水量和孔隙度小于样品 B 和 C。样品 C 的黏粒含量较高，体密度小于样品 B，含水量和分数孔隙度大于样品 B；样品 B 的物理性质介于样品 A 和 C 之间。表 7-15 显示，三种类型的样品的声速也存在较大的差别：在 25 ~ 250kHz 频率范围内，样品 A 的声速为 1536.1 ~ 1565.5m/s，样品 B 的声速为 1511.5 ~ 1527.3m/s，样品 C 的声速为 1456.4 ~ 1466.5m/s。对不同类型沉积物的声速进行比较，表明体密度大、分数孔隙度小且粒径粗的样品 A 声速最高，体密度小、分数孔隙度大且粒径细的样品 C 声速最低，这与 Hamilton（1980）的研究结果一致，符合沉积物声学性质与物理性质之间的关系。潘国富（2003）通过取样测量获取了南海北部大陆架沉积物的声速范围，为 1436.0 ~ 1894.0m/s，卢博等（2006）通过取样测量获取了东南近海海域沉积物的声速范围，为 1348.0 ~ 1886.0m/s，表 7-15 所列的声速测试结果与上述声速的测量结果一致。

表 7-14 三种类型沉积物的物理性质测试结果

样品编号	沉积物类型	取样站位水深/m	测试温度/℃	砂粒含量/%	粉粒含量/%	黏粒含量/%	平均粒径 M_z/mm	平均粒径 M_z/φ	体密度/(g/cm³)	含水量/%	分数孔隙度
A	砂–粉砂–黏土	43	15.0	13.42	70.64	15.94	0.027	5.24	1.98	33.66	0.47
B	黏土质粉砂	63	15.6	0.50	66.80	32.70	0.009	6.79	1.74	45.92	0.56
C	粉砂质黏土	74	15.0	1.22	39.92	58.86	0.004	8.17	1.48	98.50	0.73

表 7-15 三种类型沉积物的多频声速测试结果 （单位：m/s）

样品编号	声速					
	25kHz	50kHz	100kHz	150kHz	200kHz	250kHz
A	1536.1	1549.2	1560.1	1561.6	1557.5	1565.5
B	1517.5	1511.5	1517.9	1521.4	1526.6	1527.3
C	1456.4	1458.5	1461.7	1463.0	1462.8	1466.5

7.6.2.1 声速与频率的关系

表 7-15 和图 7-26 显示，沉积物声速随频率增大呈现出缓慢增加的趋势，对三种沉积物声速与频率的关系进行线性拟合，其关系式分别为

$$c_p = 1541.8 + 0.1017f \quad (\text{样品 A，判定系数 } R^2 = 0.68) \tag{7-2a}$$

$$c_p = 1512.3 + 0.0623f \quad (\text{样品 B，判定系数 } R^2 = 0.90) \tag{7-2b}$$

$$c_p = 1456.4 + 0.0392f \quad (\text{样品 C，判定系数 } R^2 = 0.81) \tag{7-2c}$$

式中，f 为声波频率（kHz）。从式（7-2）可以看出，三种类型沉积物的声速随频率的变化梯度不同，分别为 0.1017m/（kHz·s），0.0623m/（kHz·s）和 0.0392m/（kHz·s）。砂-粉砂-黏土样品 A 的声速频散比样品 B 和 C 更为显著，粉砂质黏土样品 C 的频散较弱，这与 Turgut 等（2005）的研究结果相一致，这表明细颗粒沉积物的声速频散要弱于粗颗粒沉积物的声速。

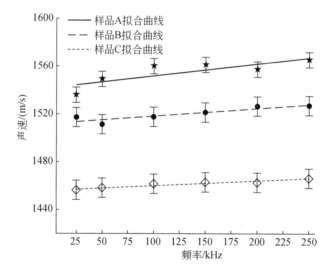

图 7-26　三种类型沉积物的声速与频率的关系

7.6.2.2 基于理论模型的频率相关性分析

（1）Biot-Stoll 模型和 GS 模型输入参数的取值方法

Biot-Stoll 模型和 GS 模型是表述声波在海底表层沉积物中传播特征的重要模型，它们在高频声学领域的主要用途之一是对声速的频率依赖性进行预测。因此，声速频散特征的实验是对理论模型有效性验证的重要依据。Biot-Stoll 模型涉及参数较多（共 13 个参数），如何准确获取这些参数，是有效运用模型时需要解决的重要问题。在 Biot-Stoll 模型输入参数中，部分表征孔隙流体和颗粒的参数可以通过相关文献的经验参数进行确定，剩余参数需要通过其他方法进行测量或推断。研究人员从不同角度对 Biot 模型输入参数的计算方法

和取值进行了研究，Stoll（1977）通过对海底沉积物性质的测试，分析了参数取值对 Biot 理论预测结果的影响，总结了不同沉积环境下模型达到有效预测时，砂质和泥质沉积物的参数取值，即 Stoll 参数；Badiey 等（1998）结合土工测试对部分参数的取值范围进行了约束；Schock（2004）在 Stoll 参数的基础上，根据沉积物类型和反演效果对难以实测参数的推断或计算方法进行了总结，包括渗透率、孔隙曲折度、孔隙大小、框架剪切模量和框架体积模量等，将这些参数看作孔隙度、颗粒粒径和沉积物埋深的函数，提高了海底参数反演的精度，表 7-16 详细列出了 Biot-Stoll 模型的物理参数取值方法。

表 7-16　Biot-Stoll 模型的物理参数取值方法

物理参数	符号	单位	Biot-Stoll 模型参数取值
颗粒体积模量*	K_g	Pa	3.2×10^{10}
渗透率	κ	m²	$\kappa=\dfrac{1}{K'S_0^2}\dfrac{n^3}{(1-n)^2}$
曲折度	Γ	—	$\Gamma=\begin{cases}1.35 & \phi\leqslant4\\ -0.3+0.4125\phi & 4<\phi<8\\ 3.0 & \phi\geqslant8\end{cases}$
流体动力黏度*	η	kg/(m·s)	0.001 05
颗粒密度	ρ_g	kg/m³	利用比重瓶法实测
流体密度	ρ_w	kg/m³	实测
流体体积模量	K_w	Pa	$K_w=c_w^2\rho_w$
孔隙度	n	—	利用环刀法实测
孔隙大小	r	m	$r=\sqrt{2K'(k/n)}$
框架剪切模量	μ_b	Pa	$\mu_b=1.835\times10^5\left(\dfrac{n}{1-n}\right)^{-1.12}\sqrt{\dfrac{2}{3}(1-n)(\rho_g-\rho_w)gd}$
框架体积模量	K_b	Pa	$K_b=\dfrac{2\mu_b(1+\sigma)}{3(1-2\sigma)}$
体积耗散系数*	δ_k	—	0.022 5
剪切耗散系数*	δ_μ	—	0.03

沉积物的颗粒体积模量难以进行实测，因此该参数取值主要是根据相关文献进行搜索推断。例如，Domenico（1977）将砂质沉积物的颗粒体积模量取值为 4.0×10^{10} Pa，粉砂质黏土沉积物的颗粒体积模量取值为 3.5×10^{10} Pa；Stoll 和 Kan（1981）将松软沉积物的颗粒体积模量取值为 3.6×10^{10} Pa，即等同于石英的颗粒体积模量；Williams 等（2002a）、Buckingham（2005）均将 SAX99 实验中的砂质沉积物的颗粒体积模量取值为 3.2×10^{10} Pa。由此可见，上述研究中对颗粒体积模量取值并不一致，为方便与 SAX99 实验的结果进行比较，表 7-16 中初步将颗粒体积模量取值为 3.2×10^{10} Pa。

表 7-16 中，*代表参数取值参照文献；K' 为经验常数，通常设定为 5；d 为样品埋

深，单位为 m；g 为重力加速度，值为 9.8m/s^2；S_0 为表面系数，单位为 m^{-1}，其计算公式为

$$S_0 = 6 \times 10^6 / \mu_g \tag{7-3}$$

式中，μ_g 为颗粒粒径，单位为 μm。

表 7-16 中，σ 为泊松比，其取值范围为 0.15～0.35，与颗粒粒径的关系式为

$$\sigma = \begin{cases} 0.15 & \phi \leqslant 4 \\ -0.05 + 0.05\phi & 4 < \phi < 8 \\ 0.35 & \phi \geqslant 8 \end{cases} \tag{7-4}$$

式中，ϕ 为颗粒粒径，其表达式为

$$\phi = -\log_2 d \tag{7-5}$$

式中，d 为以 mm 为单位表示的颗粒粒径。根据式（7-3）～式（7-5），三种类型沉积物的详细参数取值见表 7-17。

表 7-17　三种类型沉积物对应的 **Biot-Stoll** 模型输入参数

物理参数	符号	单位	样品 A	样品 B	样品 C
颗粒体积模量	K_g	Pa	3.2×10^{10}	3.2×10^{10}	3.2×10^{10}
颗粒体积模量修正值	K_g'	Pa	2.8×10^{10}	2.8×10^{10}	2.8×10^{10}
渗透率	κ	m^2	1.49×10^{-12}	4.05×10^{-13}	4.73×10^{-13}
曲折度	Γ	无量纲	1.86	2.5	3
流体动力黏度	η	kg/(m·s)	0.001 05	0.001 05	0.001 05
颗粒密度	ρ_g	kg/m^3	2 650	2 650	2 650
流体密度	ρ_w	kg/m^3	1 023	1 023	1 023
流体体积模量	K_w	Pa	2.24×10^9	2.24×10^9	2.24×10^9
分数孔隙度	β	无量纲	0.47	0.56	0.73
孔隙大小	r	m	5.63×10^{-6}	2.69×10^{-6}	2.55×10^{-6}
框架剪切模量	μ_b	Pa	$(1.11 - \text{i}0.18) \times 10^7$	$(6.77 - \text{i}0.18) \times 10^6$	$(2.28 - \text{i}0.18) \times 10^6$
框架体积模量	K_b	Pa	$(1.56 - \text{i}0.21) \times 10^7$	$(1.41 - \text{i}0.21) \times 10^7$	$(6.84 - \text{i}0.21) \times 10^6$
体积耗散系数	δ_k	无量纲	0.022 5	0.022 5	0.022 5
剪切耗散系数	δ_μ	无量纲	0.03	0.03	0.03

注：i 表示复数的虚部，$\text{i} = \sqrt{-1}$

　　GS 模型的物理参数取值方法见表 7-18，与 Biot-Stoll 模型相比，GS 模型的输入参数相对较少。Buckingham（2000，2005）对 GS 模型的输入参数取值进行了系统性的总结，包括参考颗粒粒径、参考沉积物深度和参考分数孔隙度等。沉积物实际的粒径、深度和分数孔隙度可以通过土工测试的方法进行确定。除上述参数外，用来表征沉积物颗粒接触点的黏滑剪切运动过程的三个参数，应变硬化指数、纵波刚度系数和剪切刚度系数还不能通过实测获取，需要根据某个频率的实测声速和声衰减系数以及沉积物的分数孔隙度、深度和颗粒粒径进行拟合确定，进而将拟合获得的参数应用于其他频段。对于 GS 模型，三种类

型沉积物的详细参数取值见表 7-19。

表 7-18 GS 模型的物理参数取值方法

物理参数	符号	单位	模型参数取值方法
参考颗粒粒径	u_0	μm	取文献参考值，1000
参考沉积物深度	d_0	m	取文献参考值，0.3
参考分数孔隙度	β_0	—	取文献参考值，0.377
颗粒粒径	u_g	μm	筛分法或激光粒度测试法
沉积物深度	d	m	实测
分数孔隙度	β	—	实测
纵波刚度系数	γ_p	Pa	通过速度频散曲线拟合获取
剪切刚度系数	γ_s	Pa	通过速度频散曲线拟合获取
应变硬化指数	I_n	—	通过速度频散曲线拟合获取

表 7-19 三种类型沉积物对应的 GS 模型输入参数

物理参数	符号	单位	样品 A	样品 B	样品 C
参考颗粒粒径	u_0	μm	1000	1000	1000
参考沉积物深度	d_0	m	0.3	0.3	0.3
参考分数孔隙度	β_0	无量纲	0.377	0.377	0.377
颗粒粒径	u_g	μm	27	9	4
沉积物深度	d	m	0.5	0.5	0.5
分数孔隙度	β	无量纲	0.47	0.56	0.73
纵波刚度系数	γ_p	Pa	7.85×10^7	2.25×10^6	1.95×10^6
剪切刚度系数	γ_s	Pa	3.80×10^6	3.40×10^5	1.51×10^5
应变硬化指数	I_n	无量纲	0.1187	0.2941	0.2914

（2） 声速频散特征与模型对比

为更准确地表征和解释沉积物的声速频散特征，在合理设置模型输入参数的基础上，将频散实测曲线与模型预测结果进行对比。表 7-17 和表 7-18 为三种类型沉积物的 Biot-Stoll 模型和 GS 模型输入参数的取值。图 7-27 ~ 图 7-29 分别显示了样品 A、B 和 C 的频散特征对比情况，标记为 Biot-Stoll 和 Biot-Stoll 2 的曲线分别代表颗粒体积模量分别取 3.2×10^{10} Pa 和 2.8×10^{10} Pa 时的 Biot-Stoll 模型预测曲线。标记为 GS 和 GS 2 的曲线分别代表颗粒体积模量分别取 3.2×10^{10} Pa 和 2.8×10^{10} Pa 时的 GS 模型预测曲线。由 Biot-Stoll 模型和 GS 模型的预测曲线发现，两种模型的频散特征预测结果并不相同，GS 模型预测曲线显示，在整个频段范围内，声速随频率的变化呈现出近似线性增加的趋势；而 Biot-Stoll 模型预测曲线显示，低频段（<3kHz）声速频散特征并不明显，中频段（3 ~ 50kHz）声速随频率的变化梯度最大，呈显著增加的趋势，高频段（>50kHz）的声速随频率呈缓慢增加的趋势。

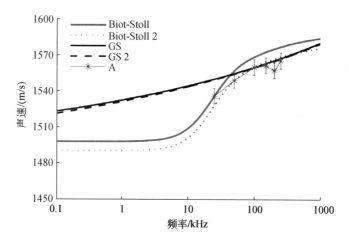

图 7-27　样品 A 实测声速与模型预测曲线的对比

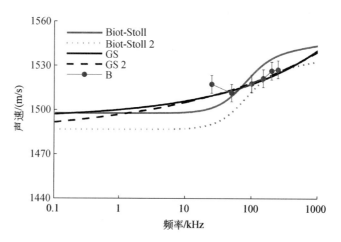

图 7-28　样品 B 实测声速与模型预测曲线的对比

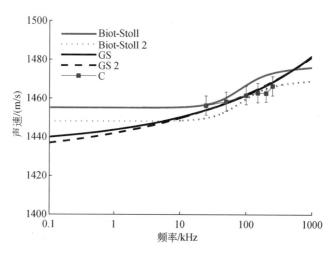

图 7-29　样品 C 实测声速与模型预测曲线的对比

根据图 7-27 ~ 图 7-29 所示的频散特征实测结果与模型预测曲线的对比发现，除了样品 A 和 B 在 25kHz 的实测声速与预测结果偏差较大外，三种类型沉积物的实测声速数据在整个测量频率范围内与 GS 模型可以实现较好的匹配。这表明，假定纵波刚度系数等参数与频率无关，利用单一频率点的实测数据进行拟合，从而确定 GS 模型未知参数的方法是有效的。与之不同的是，当颗粒体积模量取值为 $3.2×10^{10}$Pa 时，三种沉积物的实测声速与 Biot-Stoll 模型的预测曲线偏差较大，实测值明显高于预测值，说明直将文献资料的参考值赋值为颗粒体积模量的取值方法对本书所讨论的三种沉积物的声速预测是不适合的。

（3）有效颗粒体积模量取值的讨论

由于颗粒体积模量难以实测，文献资料中多视其等同于石英的体积模量，即 $3.6×10^{10}$Pa。Molis 和 Chotiros（1992）通过对一定体积的砂进行压缩试验，从而测定颗粒体积模量约为石英体积模量的 1/5，即 $0.7×10^{10}$Pa，并代入 Biot-Stoll 模型进行了验证。Hickey 和 Sabatier（1997）、Kimura（2000）均认为颗粒体积模量为 $0.7×10^{10}$Pa 的测试结果并不合理，其依据主要是衰减对频率的依赖关系、慢纵波的声速频散特征均不能得到模型预测的有效匹配。Briggs 等（1998）结合流体和石英玻璃珠的体积模量，基于实测声速频散特征反演了颗粒体积模量，并不等同于常用的 $3.6×10^{10}$Pa。此外，海底沉积物中还存在一定含量的黏土成分，部分研究假定黏土的体积模量为 $(3.6~5.0)×10^{10}$Pa，然而这与新近实际测量的结果相差较大。Castagna 等（1995）认为黏土存在约 $2.0×10^{10}$Pa 的体积模量，Vanorio 等（2003）测量黏土矿物的体积模量为 $(0.6~1.2)×10^{10}$Pa。然而采用 $1.2×10^{10}$Pa 的体积模量计算得到的沉积物声速远低于实际的测量声速，因而黏土颗粒在弹性或多孔弹性理论中不能被作为离散的颗粒，且其颗粒体积模量不能被直接应用，应该考虑黏土矿物颗粒间的相互作用，确定其有效体积模量。

在实现声速测量值与模型预测值最优匹配的基础上，对沉积物的有效颗粒体积模量取值进行计算。结果表明，当颗粒体积模量取值为 $2.8×10^{10}$Pa 时，实测声速与 Biot-Stoll 模型预测的匹配性得到了提高，尤其是样品 A 的整个测量频率的实测声速与模型预测声速实现了较好的匹配，样品 B 和 C 50~250kHz 频率的实测声速也得到了较好的匹配。相比之下，颗粒体积模量改变后，GS 模型的预测曲线变化不明显。所选的沉积物中，除含有石英砂颗粒外，均含有黏土成分，因而颗粒体积模量介于石英砂和黏土矿物的体积模量之间，且具有一定的合理性。

下篇

海底声散射特性测量技术及应用

|第8章| 海底声散射特性基本概念及研究现状

　　海底声散射特性通常是指声波被海底散射后的散射强度随频率、掠射角和方位角的变化规律。当声波从水体传导到海底时，引起海底声散射的主要机制有海底表面粗糙度、沉积物内部不均匀性、浅地层（如浅层基岩）界面粗糙度、气泡和贝壳碎片等。而在众多的散射机制中考虑较多的散射机制为海底表面粗糙度和沉积物内部不均匀性。

　　海底声散射是对海洋附近目标或掩埋目标进行探测和识别时混响背景干扰的主要来源。海底声散射特性测量和预报等研究在水下目标探测、水下声通信导航、海底测绘和水文测量等领域具有重要的实际应用价值和现实意义，特别是浅海混响背景干扰下的声呐性能预报离不开海底散射强度的准确估计。可以说，对海底声散射特性的准确测量和预报是现代声呐技术不断提高和完善的必要保障。同时，海底声散射是声波与海底发生作用的结果，势必携带与海底特性有关的大量信息，散射强度随声波频率和掠射角变化的多样性使利用测得的散射强度数据反演海底地声和物理性质成为可能，从而实现海底特性的遥测。总之，研究海底声散射特性对于海底混响预报模型的建立和声学遥测技术的发展都是非常重要的。

8.1　海底声散射特性基本概念

　　为了更好地理解和把握本篇的主要内容，首先对几个常用名词的基本概念进行解释和说明。

8.1.1　海底声散射强度

　　海底声散射强度是用来表征海底声散射强弱的一个物理量，其定义为距离单位散射面积（对于粗糙界面散射）或单位散射体积（对于体积散射）单位距离处散射声强与入射声强之比，其计算公式为

$$S_{b} = 10 \lg \left(\frac{<I_{scat}>}{I_{inc}} \right) \tag{8-1}$$

式中，S_{b} 为海底声散射强度；I_{scat} 为散射声强；I_{inc} 为入射声强；$< >$ 为多个随机样本的统计平均。

　　对于海底声散射，引入单位面积单位立体角内散射截面的概念。海底声散射强度 S_{b} 也可定义为

$$S_b = 10 \lg \sigma_b \tag{8-2}$$

式中，σ_b 为海底散射截面，但它不具有面积的量纲，是一个无量纲参数。

8.1.2 反向散射和前向散射

对于一般的收发分置情况，散射截面或散射强度是入射波掠射角 θ_i、入射波方位角 φ_i、散射波掠射角 θ_s 和散射波方位角 φ_s 的函数。如果认为海底粗糙度在统计意义上是各向同性的，则可不失一般性地令 $\varphi_i = 0$，如图 8-1 所示。

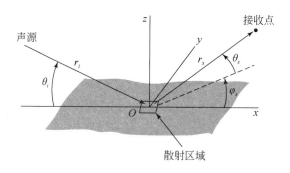

图 8-1 海底声散射几何关系

对于反向散射，特指声源和接收点位于或近似位于同一点的情况，此时 $\theta_i = \theta_s$、$\varphi_s = 180°$。

对于前向散射，特指声源和接收点位于同一竖直平面内的情况，此时 $\varphi_s = 0°$。

8.1.3 海底界面粗糙散射和体积散射

海底界面粗糙散射是指由海底界面的不平整性（粗糙度）引起的声散射。

体积散射是指由海底沉积物密度或压缩率的非均匀性（或称为密度或压缩率起伏）引起的声散射。

海底声散射是指海底界面粗糙散射和体积散射的总和。

8.1.4 海底声散射模型

海底声散射模型通常是指基于一定物理基础的，能够用于预测散射强度与声波频率、掠射角和方位角关系的表达式。建立海底声散射模型时一般需要选择合适的海底模型（如流体、弹性体、孔隙弹性体或分层海底模型等），基于不同的海底模型将会得到不同的海底声散射模型。

8.2 海底声散射特性国内外研究现状

8.2.1 海底声散射测量技术

20 世纪五六十年代，海底声散射测量研究刚刚起步，研究人员利用当时的声学换能器或其他声源（如炸药声源），开展了早期的海底声散射实验，但总体来说，还未开展专门的海底声散射测量技术研究。例如，Urick（1954）将收发合置的圆柱活塞换能器固定在探杆上，进行了最早期的海底反向声散射测量，Urick 和 Saling（1962）采用炸药声源对水深为 4400m 的海底进行了反向声散射测量。

20 世纪七八十年代，海底声散射测量技术得到快速发展，研发出了多台/套的专门用于海底声散射测量的专业设备，且测量精度得到很大提高，但总体来讲，该时期海底声散射测量主要集中在 20kHz 以上的高频段。例如，Barry 等（1978）研制出一种拖曳式海底反向声散射测量装置，可以实现 20 ~ 85kHz 频段的海底反向声散射测量。Stanic 等（1986）研制出一种适用于浅水的坐底式海底声散射系统，可用于 20 ~ 180kHz 频段的海底反向和前向声散射测量。

20 世纪 90 年代，海底声散射测量技术发展主要有两个特点：①新技术不断被应用到海底声散射测量，如低频弯张换能器技术、时延相控发射技术、多基元接收波束形成技术、步进自动控制技术等；②同步开展海底粗糙度、沉积物非均匀性等环境参数测量以及相关技术研发，以便能够建立精细的海底声散射预测模型。例如，Greaves 和 Stephen（1997）采用由 10 个低频弯张换能器组成的垂直线阵声源和由 128 个水听器组成的水平接收阵在大西洋中脊进行了海底声散射测量。20 世纪 90 年代末和 21 世纪初，美国海军资助开展了两个综合的海底沉积声学实验，分别为 SAX99（Sediment Acoustic Experiment-1999）和 SAX04（Sediment Acoustic Experiment- 2004）。SAX99 中，海底声散射测量频率为 20 ~ 150kHz。SAX04 中，海底声散射测量频率进一步拓展为 20 ~ 500kHz，并增加了前向声散射测量。实验过程中，使用海底激光扫描和海底电阻率探针等技术对海底粗糙度、沉积物非均匀性等环境参数进行了精细测量（Thorsos et al.，2001；Williams et al.，2009）。

进入 21 世纪，海底声散射测量及相关技术研发在很多国家得到重视，其特点和发展趋势表现为研究人员将研究重点转向了 10kHz 以下的中低频海底声散射的测量和研究，主要原因在于中低频声呐在水声通信、水下探测等方面应用广泛。例如，意大利 SACLANT 水下研究中心采用垂直接收阵和悬挂于垂直接收阵下方的组合声源对 400 ~ 4000Hz 频带的海底反向声散射进行了测量（Holland et al.，2000）。加拿大国防研究与发展中心研发了一种用于浅海中频小掠射角海底声散射测量的设备，系统主要由参量阵声源、超指向性接收线列阵、立体接收阵、安装平台等部分组成，可实现掠射角为 3° ~ 15°、频率为 4kHz 和 8kHz 的砂质海底反向声散射特性测量（Hines et al.，2005）。

在国内，金国亮等（1987）开展了频率为 10kHz 的海底声散射测量。21 世纪初，国内相关单位研究人员参加了亚洲海国际声学实验（Asian Seas International Acoustics Experiment，ASIAEX），该实验在东海海域进行了 100Hz 至 20kHz 频带的海底前向散射的测量（Peter，2001）。宋磊（2007）和薛婷（2008）对海底声散射系数测量方法进行了研究，2014 年以来，国家深海基地管理中心联合国家海洋局第一海洋研究所（现为自然资源第一海洋研究所）、中国科学院声学研究所东海研究站开发了一套海底中频声散射特性测量系统，主要包括中频宽带参量阵声源和由 32 个自容式声波记录器组成的垂直接收阵列，可实现频率为 1～20kHz 的小掠射角海底声散射测量，并在黄海开展了中频段海底声散射测量实验（Yu S Q et al.，2018；Yu K B et al.，2019）。

8.2.2　海底声散射特性及机理研究

20 世纪五六十年代，海底声散射特性研究主要是分析海底反向声散射与掠射角、声波频率、发射脉冲长度、海底底质类型等参数的关系。该时期主要的研究进展如下：①海底声散射总体上随着掠射角的增大而增加，但对于不同的海底类型和掠射角范围，其变化趋势则不同。②大部分研究人员认为海底声散射强度不存在明显的频率依赖性，或仅存在很弱的频率依赖性。③海底声散射强度与发射脉冲长度不存在明显的相关性。④虽然散射强度与海底沉积物颗粒粒径不存在明显变化规律，但对于不同类型的海底，声散射强度还是存在一些普遍的趋势，即砂质和岩石等硬质海底的声散射强度一般大于黏土和粉砂等软质海底的声散射强度（刘保华等，2017）。在声散射机理方面，研究人员得出一些初步的认识，即普遍认为海底声散射主要是由海底的粗糙度或微起伏引起的。但对于海底沉积物颗粒对声散射的贡献，不同研究者给出了不同的结论。Urick（1954）认为，海底声散射主要是由海底粗糙度（即不平整性）引起的，而不是沉积物颗粒对声波的散射。Wong 和 Chestermax（1968）指出，对于 48kHz 的声波，在小掠射角时，砂质或更大粒径的颗粒是造成海底声散射的主要散射体，而在较大掠射角和近垂直入射时，海底粗糙散射是主要机制。McKinney 和 Anderson（1964）指出，沉积物的颗粒属性也是引起海底声散射的一个重要方面，但颗粒和粗糙性并不是相互独立的两个方面，沉积物颗粒堆积在一起形成与声波波长尺寸相当的散射体，这是海底散射与颗粒具有一定相关性的原因；另一方面，这些颗粒堆积体也正是形成海底微起伏（即粗糙度）或沉积层结构的重要因素。除此之外，Urick 和 Saling（1962）基于中低频（500～8000Hz）声散射数据，指出海底沉积物中沉积层反射可能是引起海底声散射增加的一个因素。

20 世纪七八十年代，海底声散射测量主要集中在浅海（水深小于 50m）和高频（20～180kHz）反向声散射测量，海底底质包括淤泥、粉砂、细砂、含贝壳层、砾石和岩石等多种类型。此时期主要的研究进展如下：①海底声散射强度随掠射角的增大而增强，二者关系可以采用 Lambert 定理较好地拟合，即 $S_b = 10\lg\mu + 10\lg(\sin^2\theta)$，$\theta$ 为掠射角，$10\lg\mu$ 为垂直入射时的散射强度（Boehme et al.，1985；Bunchuk and Zhitkovskii，1980；Stanic et al.，1988，1989）。②声散射存在微弱的频率依赖性，但不同研究者依据不同的底质类型和测量频率给出了不同的变化关系，总体来说，声散射与声波频率的关系很难用一个简单的函数来表述（Bunchuk and Zhitkovskii，1980；Boehme et al.，1985；Jackson et al.，1986a，1986b；Stanic et al.，1988，1989）。③开展了声散射强度与方位角关系的研究（Boehme et al.，1985；Stanic et al.，1988，1989）。④在开展海底声散射测量的同时，采用侧扫声呐、水下摄像、立体照相、高分辨率测深、浅地层剖面、沉积物岩芯分析等技术对海底粗糙性和非均匀性等底质环境进行了测量，为深入研究散射机理和模型奠定了基础（Boehme et al.，1985）。⑤虽然海底粗糙度是引起海底声散射的主要机制，但多个海区的研究数据表明，海底声散射强度与均方根高度没有明显的相关关系，这说明对于海底声散射来说海底均方根粗糙度不是海底粗糙度的有效表述参数，于是研究者开始采用海底粗糙度谱来表征海底粗糙度（Stanic et al.，1989；刘保华等，2017）。在海底声散射机理研究方面，目前研究的频率范围内（20～180kHz），颗粒散射不是海底声散射的主要机制，且这一点得到业界的普遍共识。Jackson 等（1986a）综合多种数据，指出对于颗粒粒径大小相似的海底，其散射强度可以相差 10～15dB。研究人员普遍认为，海底粗糙散射和体积散射是海底散射的主要机制，但两种散射机制对海底声散射的贡献程度及适用条件，不同研究人员给出了不同的结论。例如，Bunchuk 和 Zhitkovskii（1980）认为在浅水区主要是体积非均匀性而不是界面粗糙度来主导海底声散射；Jackson 等（1986b）则认为对于淤泥和粉砂等软质海底，体积散射在除很小和很大掠射角外的中等掠射角范围内占主导地位，而对于粗砂等硬质海底，粗糙散射在很宽的掠射角范围内占主导地位。Jackson 等（1986b）提出了包括粗糙散射和体积散射在内的复合粗糙散射模型，但该模型并未给出体积散射强度的计算公式，而是采用一个自由变量来代替，需要通过数据拟合来确定。如何能够更好地揭示粗糙散射和体积散射两种机制，则需要更完善的模型以及更多的声学和底质参数测量数据。

20 世纪 90 年代，海底声散射特性测量和研究具有如下进展和特点：①除传统的高频（20～300kHz）测量外，研究人员对 1000Hz 以下的低频海底声散射特性进行了测量和散射机理研究（Tang et al.，1995；Greaves and Stephen，1997）。②测量和研究了海底浅表层沉积物中存在的气泡所引起的声散射特性及模型（Tang et al.，1994；Chu et al.，1997）。③开展了高频的收发分置的双基地海底声散射的测量和研究（Stanic et al.，1991；Williams and Jackson，1998）。④美国实施了 SAX99 综合海底沉积声学实验，实验的最大特点是同步开展了精细的海底环境特性测量和精确的高频海底声散射测量，对海底粗糙度和沉积物非均匀性特征进行了详细测量和表征，为高频海底声散射及声散射模型综合研究提供了大量的基础数据（Thorsos et al.，2001；Briggs et al.，2002；Wang et al.，2009）。在声散射机理研究方面，除海底粗糙界面引起的声散射外，研究者开始关注海底之下沉积物特性引起的声散射，并给出了多种海底之下声散射的机制（Jackson et al.，1986；Hines et al.，1990；Tang et al.，1994；Lyons et al.，1994；Chu et al.，1997；Jackson and Ivakin，1998）。Hines（1990）认为海底沉积物孔隙度的波动是引起体积散射的重要机制；Lyons 等（1994）将海底之下声散射归结为两种机制，一种是与 Hines（1990）提出的孔隙度波动相类似的沉积物的非均匀性，另一种是海底沉积物层引起的粗糙界面声散射；Tang 等（1994）、Chu 等（1997）认为对于浅表层沉积物含气泡的粉砂质海底，气泡对声波的散射是海底声散射的主要机制；Jackson 和 Ivakin（1998）认为除密度和纵波速度（声速）起伏外，剪切波速度起伏也是引起体积散射的主要因素。总之，到目前为止，研究人员普遍认为海底声散射主要由海底界面散射和来自海底沉积物的声散射组成。海底的粗糙度是引起界面散射的主要机制，可采用海底粗糙度谱来表征海底的粗糙度。海底沉积物的声散射来源于多种机制，包括由海底沉积物非均匀性（密度、孔隙度、声速、剪切波速度等起伏）引起的体积散射、海底气泡引起的声散射、海底沉积物层（或基底）粗糙度引起的声散射、非连续沉积层引起的体积散射等。因此，在进行海底声散射特性研究时，应针对不同的声波频率和特定的海底环境条件，认真分析引起声散射的机制，以便更好地对声散射特性进行建模（刘保华等，2017）。

21 世纪以来，中低频的海底声散射特性测量和研究获得广泛关注。Holland 等（2000）分别在泥质和岩浆岩海底测量了频率为 400～4000Hz 的海底反向散射强度，掠射角为 10°～40°。Soukup 和 Gragg（2003）采用由全向性换能器组成的线性声源阵和 9 基元垂直接收阵对石灰岩海底进行了频率为 2～3.5kHz 的海底反向声散射测量，并分析了此频段内海底反向散射强度与掠射角的关系。Hines 等（2005）在两个砂质海底站位测量了频率为 4kHz 和 8kHz 的海底反向散射，掠射角为 3°～15°。总体来说，目前中低频海底声散射特性测量逐步开始，但其散射机理及预测模型还未开展系统性的研究（刘保华等，2017）。

8.2.3 海底声散射模型研究

海底声散射的理论和模型研究大多是在海面声散射研究的基础上发展而来的，用于计算海底声散射强度的许多近似方法（如小粗糙微扰近似、复合粗糙近似和小斜率近似等）都借鉴了相应的海面声散射理论。最初的研究主要围绕散射强度随掠射角、方位角、波束宽度、频率、时间、海底均方根粗糙度、沉积物颗粒平均粒径和脉冲类型等参数的变化规律展开，根据实验测量结果得到了一些具有一定参考价值的经验关系，但并没有从物理上对实验结果进行详细阐释。较为系统的海底声散射实验测量和理论研究可追溯到 20 世纪80 年代，研究者不仅进行了海底声散射的测量，而且同步开展了海底声散射模型输入参数的测量，为散射模型的验证奠定了坚实的基础。这一阶段的研究大致可以分为两个部分：一是对引起海底声散射的物理机制的研究；二是在散射机制研究的基础上，不断建立、发展和完善各种海底声散射模型。

随后出现的具有物理基础的海底声散射模型可以用于预测未开展测量的频段或掠射角的散射强度，可有效弥补实验数据的空缺。在计算界面粗糙散射方面，Kirchhoff（基尔霍夫）近似和小粗糙微扰近似是两种经典的近似计算方法。Kirchhoff 近似适用于界面起伏大于声波波长的情况，研究人员采用 Kirchhoff 近似模型对多种条件下的海底声散射强度进行了计算，并与测量数据进行了对比分析（Moustier，1986；Jackson et al.，1986a，1986b；Dacol，1990；Williams and Jackson，1998）。Kirchhoff 近似模型在镜面反射方向附近的掠射角范围内的散射强度计算较为精确，但在实际应用过程中很难给出这一近似计算方法适用范围的一般准则。另外，Kirchhoff 近似中未考虑影区效应和多次散射。当界面起伏远小于声波波长时，小粗糙微扰近似对除镜面反射方向附近之外其他掠射角范围内的声散射强度能够给出较为准确的预测结果，在小掠射角情况下的精度最高。研究人员分别针对各向同性海底、具有声速梯度的海底、层状海底以及多孔弹性海底等不同海底条件，采用小粗糙微扰近似计算了海底声散射强度（Kuperman and Schmidt，1986；Jackson and Briggs，1992；Kuo，1992；Essen，1994；Moe and Jackson，1994；Williams，2001）。正因为 Kirchhoff 近似模型和小粗糙微扰近似模型存在一定的互补性，在 Jackson 等（1986a，1986b，1996）、Williams 和 Jackson（1998）提出的复合粗糙近似模型中对两者进行插值，以兼顾整个掠射角范围内声散射强度预报结果的准确性。复合粗糙近似模型主要有两种插值方式，遵循两种近似中较小者对插值后的模型预报结果起主要作用的原则，在垂直入射方向附近（收发分置情况对应于镜面反射方向）倾向于 Kirchhoff 近似，小掠射角情况下倾向于小粗糙微扰近似或复合粗糙近似（Jackson et al.，1986a，1986b）。复合粗糙近似模型适用于高频（10～100kHz）海底声散射强度的预报，但复合粗糙近似模型的问题在于用于区分大小尺度粗糙的截止波数的选择很难十分清楚地确定，一般通过多次试算和比较来确定。Thorsos（1990）指出，对于小掠射角的声散射计算，复合粗糙近似模型的精度偏低。20 世纪 80 年代以来，研究人员在发展新的界面粗糙散射理论方面进行了大量的研究工作，以弥补两种经典近似方法在适用范围和计算精度等方面的不足。Voronovich 于 1985 年提出小斜率近似方法，将 Kirchhoff 近似和小粗糙微扰近似统一在一起，但在相应的界面粗糙范围内略小于两者预测的散射强度。小斜率近似表达式是关于界面斜率的一系列展开式，同样具有不同阶的近似形式。普遍认为，小斜率近似比小粗糙微扰近似和 Kirchhoff 近似更为精确，且一种近似方法几乎可以涵盖所有的掠射角范围（Kirchhoff 近似适合镜像反射方向附近的散射，小粗糙微扰近似适合镜像反射方向附近之外的散射），即使最低阶的小斜率近似在很宽的掠射角范围内都具有较高的精度（Broschat and Thorsos，1997）。Gragg 等（2001）采用小斜率近似模型研究包含均匀散射体的随机粗糙海底的声散射，并推导出双基地散射公式。Soukup 等（2007）将小斜率近似应用于包含剪切效应的弹性海底声散射研究，Jackson（2013）将小斜率近似推广到层状海底声散射研究。

海底声散射不仅仅由粗糙表面引起，完整的模型还应考虑沉积物内部不均匀性引起的体积散射，特别是对于较为平整的泥质沉积物，仅考虑海底表面粗糙散射的模型所预报的散射强度要远小于实际测量值，超出的部分通常可以归结为体积散射。Crowther（1983）的组合模型包含了 Kuo（1964）的界面粗糙散射模型和考虑了声波折射的体积散射模型，并将这一模型的预报结果与其测量获得的 10kHz 以下低频数据以及 Nolle 等（1963）测量获得的高频数据进行了比较，结果表明沉积物体积散射对于软沉积物非常重要。复合粗糙近似模型中体积散射采用改进的 Stockhausen（1963）模型进行处理，将体积散射等效为一个界面过程，以等效界面散射截面的形式给出体积散射对总散射的贡献。这种同时考虑粗糙散射和体积散射的统一模型预报的海底散射强度与多个不同底质类型的站位测量数据吻合得很好。

20 世纪 90 年代开始，声散射模型研究进一步考虑了海水–沉积物界面以下的一些已知存在的复杂因素（如沉积物中的声速剖面和分层等）对海底声散射的影响。例如，Ivakin（1986）、Mourad 和 Jackson（1993）在任意分层海底散射模型研究中分析了体积散射的作用，并在指定的声速和密度剖面下给出了沉积物中声场的解析解，研究了海底内部边界对散射强度的频率和角度依赖关系的影响。研究结果表明，具有浅表层梯度的沉积物，其体积散射强度有时可以产生与 Lambert 定律相近的角度依赖关系。随着研究的不断深入，散射模型中进一步包括了分层沉积物内部界面的粗糙散射，研究人员从不同方面对包含多层界面的海底声散射进行了理论和实验研究。Ivakin（1993，1994a，1994b，1994c，1994d）给出了具有任意界面数的分层流体沉积物的一阶解，通过不同界面的粗糙度自谱和互谱来表示海底收发分置散射强度，同时考虑了粗糙散射和体积散射，并对两者进行了比较。随后，Ivakin（1997，1998）采用一种粗糙和体积散射的联合微扰方法进行了声散射计算，并推广至分层流体沉积物覆盖任意散射基岩的情况。对于分层沉积物的声散射，Essen（1994）、Moe 和 Jackson（1994）则采用与 Ivakin 不同的方法进行了研究，并将海水–沉积物界面粗糙散射作为唯一的散射机制，但考虑了内部分层的反射作用。Lyons 等（1994）引入一定的简化，处理了双层界面的粗糙散射和体积散射问题。随后，Tang（1996）提出了一种多层海底粗糙散射的处理方法，但采用了临近多层弱散射界面的限定，使得预报的粗糙散射很难与体积散射区分开。Jackson 等（2010）对已有的分层海底散射模型进行了归纳和总结，建立了 GABIM（geo acoustic bottom interaction model）。GABIM 同时考虑了粗糙散射和体积散射的贡献，具有复杂结构的沉积物体积散射采用等效界面散射截面来表征，综合运用 Kirchhoff 近似、一阶微扰近似和经验公式来计算海底界面粗糙散射，采用一阶微扰近似和经验公式来计算体积散射。GABIM 适用于海水–沉积物界面为粗糙界面、海底具有任意分层但内部仅存在一个粗糙界面（即沉积物–基岩界面）的情况，海底沉积层可以是各向异性的，也可以是弹性的。

在国内，彭朝晖等（2000）结合射线管束积分法和复射线/最速下降法，提出了一种计算粗糙和随机非均匀海底引起的平面内声散射模型。金国亮和张仁和（1996）提出了由浅海混响反演海底反射和散射系数的方法。李风华（2000）则讨论了一些常用的海底声散射模型。综上，国内研究人员主要是通过借鉴或改进国外已有模型研究散射强度对混响特征的影响，继而根据观测的混响数据来获得（或估计）海底声散射强度。

8.3 未来发展趋势

纵观国内外海底声散射特性的研究历程不难发现，尽管经历了半个多世纪的理论和实验研究，但目前对海底声散射特性的认识仍存在不足，以下几个方面有待进一步研究。

1）不同频段的海底声散射机制往往不同，需要采用不同的理论模型来解释，声散射模型的适用范围有待提高和完善。尤其是中低频声散射机理和模型研究，将会成为今后海底声散射研究的重点和难点。在中低频声散射机理研究方面，首先，与中低频声散射相匹配的海底粗糙度和海底非均匀性等参数的测量与表征是一个很大的挑战。其次，海底中低频声散射受海底粗糙散射、海底体积散射、海底沉积层散射等多种机制共同作用，彻底厘清各种机理及其对声散射的影响和贡献也是今后海底声散射机理研究需要重点关注的研究课题。在中低频声散射模型研究方面，需要重点解决经过高频声散射数据验证了的高频声散射模型在中低频段的适用性问题，通过数据和模型对比，研究建立适合中低频海底声散射特性预测的地声模型。

2）虽然将海底声散射归结为海底表面粗糙散射和沉积物内部不均匀性引起的体积散射贡献之和得到了一定的共识，但实际上这是一种人为的划分方式，对于不能明显区分的情况，还需要建立统一的海底声散射模型。目前的海底声散射模型一般将海底看作未分层的半空间介质，而实际的海底沉积物中往往存在分层结构。在与海底相互作用过程中，声波往往透射进入海底界面之下（特别是对于中低频声波），被沉积物中的非均匀体和粗糙沉积层界面再次散射。采用更接近实际海底条件的多层声散射模型进行海底声散射特性预测将成为未来发展的趋势。虽然 Jackson 等（2010）在多层声散射模型方面开展了一些研究，但建立的 GABIM 将多层海底简化成流体模型，且模型的预测结果未进行实际数据的验证。在多层海底声散射模型方面今后还需要开展大量的针对实际海底情况的多层散射模型普适化和模型验证工作。

3）现有的海底声散射模型多为国外学者提出，虽然模型预报结果与其实验海域的测量数据吻合得很好，如 Jackson 等（2010）提出的海底声散射模型预报的散射强度与墨西哥湾海域的实验数据相吻合，但是否适用于我国周边海域海底声散射强度的预报，有待做进一步的验证研究工作。

4）不同频带内散射强度的频率依赖关系不同，且海底声散射表现出明显的区域性特征，针对某一特定海域或沉积物类型得出的散射强度变化规律并不具有普适性。因此，有必要针对特定海域甚至特定底质类型开展海底声散射特性的研究。

5）受测量技术的限制，海底声散射强度的测量多集中于低频或高频的某一频段，而对宽频声散射特性的实验研究明显不足，特别是连接高低频的中频段。相对于高频声散射而言，海底中低频声散射测量的复杂性在于常规中频换能器声源的指向性差，易受海面声散射的干扰，影响测量精度，而且小掠射角时的中低频声散射测量尤其困难。研发声学参量阵等中低频高指向性声源和多基元接收阵列是解决中低频声散射精确测量的途径之一。在今后的研究工作中，有必要在较宽的频率范围内开展海底声散射强度的测量，系统地给出海底声散射强度随底质类型、声波频率、掠射角和方位角的变化规律。精确可靠的实验数据将为海底声散射模型的测试提供依据，从而推动海底声散射理论的发展。

|第 9 章| 海底声散射特性测量技术

本章将从海底声散射强度测量方法和测量仪器设备的角度出发，介绍目前常用的海底声散射强度测量技术方法和国内外开展海底声散射强度测量所使用的仪器设备。海底声散射强度计算的关键在于有效照射区域面积的计算，针对发射−接收波束类型，给出不同情况下有效照射区域面积的计算方法。海底声散射强度测量仪器设备则重点介绍仪器设备的组成结构、技术指标和工作方法等。

9.1 海底声散射强度测量方法

对于海底声散射，通常讨论单位面积单位立体角内的散射截面 σ_b，它是相对于一个有限照射区域来定义的，这个区域的大小要足以反映海底的基本统计特征。根据海底散射声强计算声散射强度时，有效照射区域面积的计算是十分重要的，即使对于同一个声呐系统和同一区域的海底，有效照射区域面积的计算偏差也会导致声散射强度测量结果的偏差。当声波透射至沉积物中的深度较浅或声呐与海底的距离远大于散射体与海水−沉积物界面的距离时，将沉积物体积散射视为界面过程（如果考虑下层界面的散射，同样将其归算至海水−沉积物界面处），使总散射截面可表示为如式（9-1）所示的各分散射截面之和的形式

$$\sigma_b = \sum_{i=1}^{N} \sigma_{bi} \tag{9-1}$$

以收发合置的反向声散射测量为例，如图 9-1 所示，掠射角为 θ，方位角为 φ。从最为一般的情况入手，考虑发射−接收系统的指向性，根据整个声传播过程可以得到散射声强的表达式（忽略海水中的声吸收，传播损失近似按球面波扩展规律计算），计算公式如下：

$$\langle I_s(\theta) \rangle = \int \frac{I_0 r_0^2}{r^4} \sigma_b(\theta) \, |b_t(\theta, \varphi)|^2 \, |b_r(\theta, \varphi)|^2 dA \tag{9-2}$$

式中，$I_s(\theta)$ 为掠射角 θ 处（对应于声传播时间 t）的散射声强（dB）；$\langle\ \rangle$ 为所有独立测量样本的统计平均（考虑散射声强的随机性）；r 为掠射角 θ 处发射−接收系统与有效照射区域之间的斜距（m）（$r = c_w t/2$，c_w 为水中声速）；I_0 为距声源 1m 远处的入射声强（dB）；$\sigma_b(\theta)$ 为反向散射截面（无量纲）；$b_t(\theta, \varphi)$ 和 $b_r(\theta, \varphi)$ 分别为发射和接收波束的三维指向性函数（实际测量过程中很少考虑旁瓣对应的散射信号，这里同样只考虑主瓣的贡献）；dA 为有效照射区域的积分面元。值得注意的是，$r_0 = 1m$，以平衡式（9-2）两端的量纲。

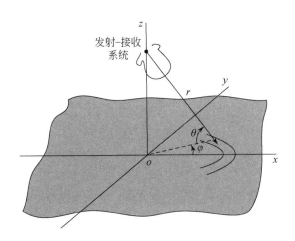

图 9-1　海底反向声散射几何关系

式（9-2）可改用水听器输出电压的形式给出（假设在有效照射区域 A 内，r 的变化很小）：

$$\langle v_{\mathrm{r}}(t)^2 \rangle = \frac{s_{\mathrm{t}}^2 s_{\mathrm{r}}^2}{r^4} \int \sigma_{\mathrm{b}}(\theta)\, |b_{\mathrm{t}}(\theta,\varphi)|^2\, |b_{\mathrm{r}}(\theta,\varphi)|^2 \mathrm{d}A \tag{9-3}$$

式中，$v_{\mathrm{r}}(t)$ 为水听器输出电压（V）；$\langle v_{\mathrm{r}}(t)^2 \rangle$ 为水听器输出电压（未经放大）的均方值。参数 s_{t} 和 s_{r} 分别为

$$s_{\mathrm{t}}^2 = I_0 r_0^2 \tag{9-4}$$

$$s_{\mathrm{r}} = v/p \tag{9-5}$$

其中，s_{t} 具有压强×长度的量纲，即 Pa·m；v 为入射声压为 p 时的水听器输出电压（V），声压 p 的单位为 Pa。声源级和水听器灵敏度可表示为

$$\mathrm{SL} = 20\lg(s_{\mathrm{t}}/10^{-6}) \tag{9-6}$$

$$\mathrm{RS} = 20\lg(s_{\mathrm{r}}/10^{6}) \tag{9-7}$$

式中，SL 为声源级（dB $re.\,1\mu\mathrm{Pa@1m}$）；RS 为水听器灵敏度［dB $re.\,1\mathrm{V}/(\mu\mathrm{Pa})$］。

对 t 时刻的海底声散射强度有贡献的有效照射区域受发射–接收系统波束宽度和脉冲长度的共同约束，下面将分两种情况对式（9-3）进行讨论与化简，并给出相应的可用于计算海底反向声散射强度的声呐方程。

9.1.1　指向性发射–接收系统

当发射–接收系统的垂直指向性较宽，而水平指向性较窄，且有效照射区域在垂直方向由脉冲长度决定时，满足以下条件：

$$\frac{c_{\mathrm{w}}\tau}{2} \ll r \tag{9-8}$$

式中，τ 为脉冲长度。在掠射角 θ 处，对 t 时刻的海底声散射强度有贡献的有效照射区域

为某一圆环的一部分，其宽度 ΔR 可近似表示为

$$\Delta R = c_w \tau / (2\cos\theta) \tag{9-9}$$

因此，积分面元可改写为

$$\mathrm{d}A = \mathrm{d}x\mathrm{d}y = \Delta R r \cos\theta \mathrm{d}\varphi \tag{9-10}$$

将式（9-10）代入式（9-3），整理可得

$$\langle v_r(t)^2 \rangle = \frac{s_t^2 s_r^2}{r^3} \sigma_b(\theta) \frac{c_w \tau}{2} | b_t(\theta, 0) b_r(\theta, 0) |^2 \Psi \tag{9-11}$$

其中

$$\Psi = \frac{\int | b_t(\theta, \varphi) b_r(\theta, \varphi) |^2 \mathrm{d}\varphi}{| b_t(\theta, 0) b_r(\theta, 0) |^2} \tag{9-12}$$

将式（9-11）以分贝的形式表示，即可得到如下形式的声呐方程：

$$10\lg\langle v_r(t)^2 \rangle = \mathrm{SL} + \mathrm{RS} + S_b(\theta) + D_t(\theta,0) + D_r(\theta,0) - 30\lg r + 10\lg(c_w \tau \Psi/2) \tag{9-13}$$

式中，$D_t(\theta, \varphi) = 20\lg| b_t(\theta, \varphi) |$ 为发射指向性指数；$D_r(\theta, \varphi) = 20\lg| b_r(\theta, \varphi) |$ 为接收指向性指数；$S_b(\theta) = 10\lg\sigma_b(\theta)$ 为海底反向声散射强度。

进一步地，经过分离变数及坐标旋转后，式（9-12）可简化为

$$\Psi = \frac{\cos(\theta - \theta_0)}{\cos\theta} \int_{-\pi}^{\pi} B_\varphi(\varphi) \mathrm{d}\varphi \tag{9-14}$$

式中，θ_0 为发射-接收系统坐标系相对于大地坐标系的垂直旋转角。将 $B_\varphi(\varphi)$ 近似为高斯函数，将式（9-14）的积分限拓展至 $\pm\infty$，可以得到

$$\Psi = \frac{\cos(\theta - \theta_0)}{2\cos\theta} \sqrt{\frac{\pi}{\ln 2}} \Psi_3 \tag{9-15}$$

式中，Ψ_3 为发射-接收系统-3dB 组合水平波束宽度，通常可近似根据发射波束和接收波束的-3dB 水平波束宽度 Ψ_t 和 Ψ_r 得到

$$\Psi_3 = \frac{1}{\sqrt{1/\Psi_t^2 + 1/\Psi_r^2}} \tag{9-16}$$

在小掠射角情况下，因数 $\cos(\theta - \theta_0)/\cos\theta$ 近似为 1，此时式（9-15）可简化为

$$\Psi = 1.065 (\Psi_t^{-2} + \Psi_r^{-2})^{-1/2} \tag{9-17}$$

至此，可根据式（9-13）进行海底反向声散射强度计算。其中，声源级 SL、灵敏度 RS、发射指向性指数 D_t、接收指向性指数 D_r、发射和接收-3dB 水平波束宽度 Ψ_t 和 Ψ_r 通过校准获得，其校准精度将直接决定海底声散射强度的测量精度。

实际测量海底声散射强度时，对于窄指向性的发射-接收系统，通常近似认为发射指向性函数 $b_t(\theta, \varphi)$ 和接收指向性函数 $b_r(\theta, \varphi)$ 在-3dB 波束宽度内为 1，而其他角度下为 0。进一步地，近似认为掠射角 θ 处的反向散射截面 $\sigma_b(\theta)$ 在有效照射区域内为一常数。此时，式（9-3）以分贝的形式表示为

$$10\lg\langle v_r(t)^2 \rangle = \mathrm{SL} + \mathrm{RS} + S_b(\theta) - 2\mathrm{TL} + 10\lg A \tag{9-18}$$

式中，A 为有效照射区域面积；$\mathrm{TL} = 20\lg r$ 表示单程传播损失。若有效照射区域面积 A 确定，即可采用式（9-18）计算海底反向声散射强度。下面介绍 A 的求取。

当发射–接收系统的水平和垂直波束宽度相等，并且有效照射区域由波束宽度决定时，掠射角 θ 处计算有效照射区域面积的几何关系如图 9-2 所示。其中，θ_c 表示发射–接收系统–3dB 的波束宽度。

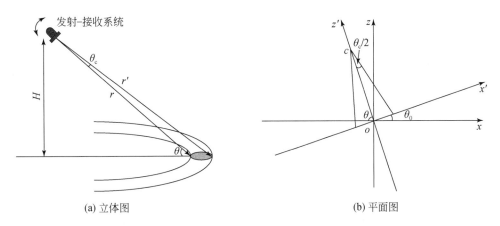

(a) 立体图　　　　　　　　　　　　　　　(b) 平面图

图 9-2　用于有效照射区域面积 A 计算的几何关系

在 $x'oz'$ 坐标系中，由 θ_c 确定的圆锥面方程为

$$(z'-c)^2 = k^2(x'^2+y'^2) \tag{9-19}$$

式中，斜率 $k=\cot(\theta_c/2)$，与 z' 轴的交点 $c=H/\sin\theta$，为圆锥面与 z 轴交点 c 的纵坐标，对应于发射–接收系统的位置。根据坐标旋转可知，$x'oz'$ 和 xoz 坐标系的坐标映射关系为

$$x' = x\cos\theta_0 + z\sin\theta_0 \tag{9-20}$$

$$y' = y \tag{9-21}$$

$$z' = z\cos\theta_0 - x\sin\theta_0 \tag{9-22}$$

其中，旋转角度 $\theta_0 = \pi/2 - \theta$，继而该圆锥面在 xoz 坐标系中可表示为

$$(z\cos\theta_0 - x\sin\theta_0 - c)^2 = k^2\left[(x\cos\theta_0 + z\sin\theta_0)^2 + y^2\right] \tag{9-23}$$

进一步地，令 $z=0$，可得到曲面与 xoy 平面的交线方程为

$$\frac{(x - c\sin\theta_0/D)}{a^2} + \frac{y^2}{b^2} = 1 \tag{9-24}$$

其中

$$D = k^2\cos^2\theta_0 - \sin^2\theta_0 \tag{9-25}$$

$$a = \frac{ck\cos\theta_0}{D} \tag{9-26}$$

$$b = \frac{c\cos\theta_0}{\sqrt{D}} \tag{9-27}$$

由此可以看出，有效照射区域为椭圆。如果发射–接收系统距海底的高度为 H，则有效照射区域面积为

$$A = \frac{\pi H^2 \cot(\theta_c/2)}{D^{3/2}} \tag{9-28}$$

至此，可根据式（9-18）对海底反向声散射强度进行计算。

9.1.2 无指向性发射–接收系统

对于无指向性的声源和无指向性的水听器，发射指向性函数 $b_t(\theta,\varphi)$ 和接收指向性函数 $b_r(\theta,\varphi)$ 在所有掠射角 θ 和方位角 φ 处均为1，即

$$b_t(\theta,\varphi)=1 \tag{9-29}$$

$$b_r(\theta,\varphi)=1 \tag{9-30}$$

如果在有效照射区域内 θ 的变化足够小，以至于 $\sigma_b(\theta)$ 近似为一个常数，同样可根据式（9-3）得到式（9-18）的声呐方程。在式（9-18）中，SL 和 RS 通过对声源和水听器进行校准获得，水听器输出电压的均方值 $v_r(t)^2$ 近似根据包络均方值 $V_r(t)^2$ 计算：

$$v_r(t)^2=V_r(t)^2/2 \tag{9-31}$$

此时，问题的关键仍在于有效照射区域面积的计算。

采用无指向性的声源和无指向性的水听器，对 t 时刻（对应于某一掠射角 θ）的海底声散射度强有贡献的有效照射区域是一宽度为 ΔR 的圆环，如图9-3所示，其面积由脉冲长度决定。假设海水中的声速为 c_w，发射脉冲长度为 τ，掠射角 θ 下发射–接收系统与有效照射区域的斜距为 r，其交点为 B。为保证整个掠射角范围内（ $0°\sim90°$）有效照射区域面积计算的精确性，需找到 A 点且满足

$$2(r'-r)/c_w=\tau \tag{9-32}$$

如果发射–接收系统距海底的高度为 H，根据几何关系可得

$$r^2=H^2+R^2 \tag{9-33}$$

$$r'^2=H^2+(R+\Delta R)^2 \tag{9-34}$$

联合式（9-33）和式（9-34）可得

$$\Delta R^2+2R\Delta R-(r'^2-r^2)=0 \tag{9-35}$$

将 ΔR 视为变量，方程的解（舍弃负根）为

$$\Delta R=\sqrt{R^2+(r'^2-r^2)}-R \tag{9-36}$$

经简单的代数运算后可得

$$(R+\Delta R)^2-R^2=r'^2-r^2 \tag{9-37}$$

根据式（9-32）可得

$$r'^2-r^2=c_w\tau(r+c_w\tau/4) \tag{9-38}$$

此外，有效照射区域面积可表示为

$$A=\pi\left[(R+\Delta R)^2-R^2\right] \tag{9-39}$$

将式（9-37）和式（9-38）代入式（9-39），即可在不进行任何近似的情况下得到有效照射区域的面积：

$$A=\pi c_w\tau(r+c_w\tau/4) \tag{9-40}$$

然而，即使照射区域面积可精确计算，但该方法仍无法准确获取整个掠射角范围内的海底反向声散射强度，一些因素将限制能够测量的掠射角范围。除了避免垂直入射方向附

近的反向散射信号不受配重铅块散射的影响，掠射角上限还取决于在有效照射区域内掠射角的变化是否足够小以满足获得式（9-18）的近似条件。对应于掠射角下限的截止时刻理论上可以选择在海面散射信号到达之前，但小掠射角下的接收信号十分微弱，掠射角下限应视实际测量过程中的信噪比而定。

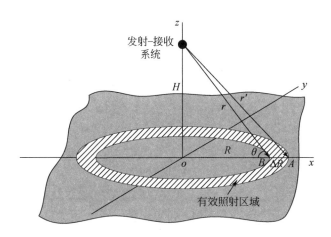

图 9-3　用于有效照射区域面积计算的几何关系

在计算反向散射强度的测量不确定度时，同样从散射截面而非散射强度入手。假设统计误差和系统误差是相互独立的，则散射截面的总不确定度可表示为

$$\Delta\sigma_b^\pm = \left[(\Delta\sigma_1)^2 + (\Delta\sigma_2^\pm)^2 \right]^{1/2} \tag{9-41}$$

式中，$\Delta\sigma_b^\pm$ 为散射截面不确定度的上限和下限；$\Delta\sigma_1$ 为统计不确定度；$\Delta\sigma_2^\pm$ 为系统不确定度上限和下限，进而可以得到散射强度误差棒的上限和下限，即

$$S_b^\pm = 10\lg(\sigma_b \pm \Delta\sigma_b^\pm) \tag{9-42}$$

式中，$10\lg\sigma_b$ 为反向散射强度的最佳估计值，而非平均值。

为了便于展示不确定度的计算过程，水听器接收到的平均声散射强度与散射截面的关系采用如下的最简形式

$$\langle I_s \rangle = I_i \sigma_b A / r^2 \tag{9-43}$$

式中，I_i 为面积为 A 的散射区域处的入射声强，并假设按球面波扩展规律传回水听器。由此可以得到散射截面的最佳估计值为

$$\sigma_b = \langle I_s \rangle r^2 / (I_i A) \tag{9-44}$$

统计不确定度的一种常用的选择是

$$\Delta\sigma_1 = 1.96 I_{sd} r^2 / (I_i A \sqrt{N}) \tag{9-45}$$

式中，N 为独立测量的样本个数；I_{sd} 为声散射强度的标准差，由下式给出

$$I_{sd} = \left[\langle I_s^2 \rangle - \langle I_s \rangle^2 \right]^{1/2} \tag{9-46}$$

当声散射强度服从高斯分布时，这种不确定度的定义给出的是置信度为 95% 的置信区间。

此外，还考虑了系统不确定度的贡献，主要来自于声源级和水听器灵敏度的校准不确

定度以及采用球面波扩展的近似。保守地估计，系统不确定度为±2dB。如果不确定度为 2dB，则对应的散射截面为最佳估计值的 1.58 倍；如果不确定度为−2dB，则对应的散射 截面为最佳估计值的 0.63 倍，继而有

$$\Delta \sigma_2^+ = 0.58 \sigma_b \tag{9-47}$$

$$\Delta \sigma_2^- = 0.37 \sigma_b \tag{9-48}$$

9.2 海底声散射测量仪器设备

美国海底声散射测量开始于 20 世纪 50 年代。Urick（1954）将收发合置的圆柱活塞换 能器固定在探杆上，借助于驳船将换能器放置在靠近海底处，进行了最早期的海底反向声 散射测量（图 9-4），测量的频带为 10~60kHz，通过水平和垂直方向旋转探杆，获得不同 方位角和掠射角的测量数据。Urick 和 Saling（1962）采用炸药声源对水深为 4400m 的海 底进行了反向声散射测量，声源的频带为 500Hz 至 8kHz，炸药爆炸深度和水听器沉放深 度均为 15m。Wong 和 Chestermax（1968）采用一个磁致伸缩换能器作为声源和接收水听 器，在我国香港近岸海域进行了海底反向声散射测量，测量的频率为 48kHz，发射声波的 脉冲宽度为 0.4ms 和 2.8ms。总之，在 20 世纪五六十年代，海底声散射测量刚刚起步，实 验所使用的均是非常简单的装置，还未开展专业的海底声散射测量技术研究（刘保华等， 2017）。

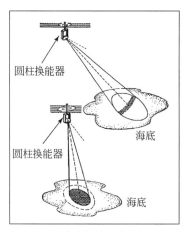

(a) 海底声散射测量方法　　　　　　(b) 海底声散射测量仪器

图 9-4 Urick（1954）开展海底声散射所用仪器

20 世纪 70 年代末，Barry 等（1978）研制出一种拖曳式海底反向声散射测量装置 （图 9-5）。通过一个类似于球状万向节（ball-in-socket）的调节机构，将发射和接收合置 的声学换能器安装在拖曳平台上，调节机构可以方便实现换能器掠射角的调整，平台上还 安装有测深和姿态传感器（Barry et al.，1978；Barry and Jackson，1980）。Jackson 等

（1986a）采用该设备对粉砂、砂质和砾石海底进行了反向声散射测量，通过安装三个不同频带的收发合置平面换能器获得了 20～85kHz 的频带覆盖范围，换能器垂直方向发射和接收波束角为 20°～40°，水平波束角为 10°～20°，声源级为 205dB *re.* μPa@1m，实验中平台的拖曳速度为 2～5kn。Stanic 等（1988）研制出一种适用于浅水的坐底式海底声散射系统（图 9-6），整套系统由两个坐底式的塔式支架组成，塔式支架上安装有由 16 个水听器组成的 T 形接收阵和用于海底声散射信号采集的记录系统，其中一个安装有高频参量阵声源，用于声波的发射。高频参量阵声源的差频频率为 20～180kHz，在 20kHz 和 180kHz 频率处的差频声源级分别为 187dB *re.* μPa@1m 和 214dB *re.* μPa@1m，该系统可进行高频的海底反向声散射和前向声散射测量。充气瓶和储水舱通过充气排水和放气充水来实现测量系统的下沉坐底和上浮回收。除上述两套海底声散射测量设备外，Boehme 等（1985）将发射和接收换能器安装在一个高 4m 的三脚架上，并将该装置放置在海底，进行了频率范围为 30～95kHz 的海底反向声散射测量。从上述的分析可以看出，在 20 世纪七八十年代，海底声散射测量技术得到快速发展，研发出了多台/套的专门用于海底声散射测量的专业设备，测量精度得到很大提高，此阶段的测量频率主要集中在 20kHz 以上（刘保华等，2017）。

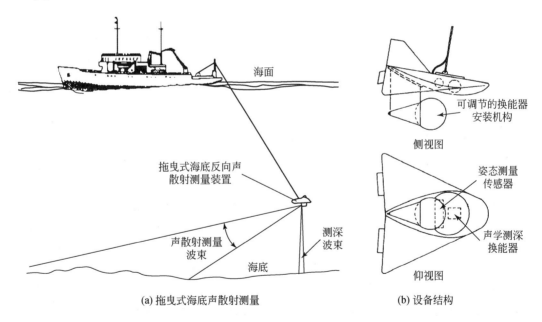

(a) 拖曳式海底声散射测量　　(b) 设备结构

图 9-5　Barry 等（1978）研制的拖曳式海底反向声散射测量装置

20 世纪 90 年代中期，Greaves 和 Stephen（1997）采用由 10 个低频弯张换能器组成的垂直线阵声源和由 128 个水听器组成的水平接收阵在大西洋中脊进行了海底声散射测量。垂直线阵声源的弯张换能器的排放间距为 2.29m，通过各换能器的时延相控发射，声源可以形成俯角为 9°的相控波束。在实验中，声源进行线性调频扫频发射，扫频宽度为 200～255Hz，信号长度为 5s。接收阵列的基元间距为 2.5m，通过波束形成技术，产生了 126 个

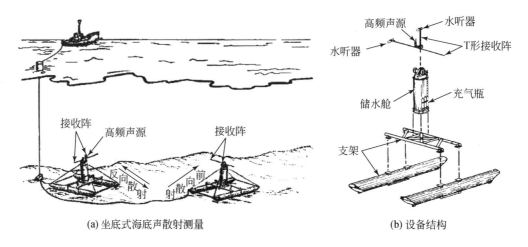

(a) 坐底式海底声散射测量　　　　　　　　　　(b) 设备结构

图 9-6　Stanic 等（1988）研制的坐底式海底声散射测量系统

具有不同方向的接收波束，但 0°～30° 和 150°～180° 两个波束方向的数据因波束太宽且受接收阵姿态变化和船舶噪声的影响大而无法使用。20 世纪 90 年代末，美国海军联合华盛顿大学应用物理实验室、加利福尼亚大学斯克里普斯海洋研究所、意大利 SACLANT 水下研究中心等科研机构开展了一个综合的海底声学实验项目——SAX99。在 SAX99 中采用了 STMS（sediment transmission measurement system）、BAMS（benthic acoustic measurement system）、XBAMS（x-celerated benthic acoustic measurement system）三种系统进行海底声散射测量（图 9-7）（Thorsos et al., 2001；Williams et al., 2009）。STMS 为一综合测量系统，既可用于海底声散射的测量，也可与埋在沉积物中的接收水听器阵配合使用开展海底沉积物声衰减和海底声透射的测量。STMS 在坐底三脚架上安装一个 EA33 平面阵声源和一个收发合置的 EA41 换能器进行海底声散射测量，测量频率为 20～150kHz，换能器不能自动旋转，需要潜水员通过移动 STMS 来获得海底多个相互独立散射斑块的声散射，通过求取平均值来获得海底声散射强度。STMS 的海底声散射测量换能器对侧的四个球形换能器用来进行海底声透射测量，测量频率为 10～50kHz（图 9-8）。BAMS 的工作频率为 40kHz 和 300kHz，XBAMS 的工作频率为 300kHz，二者的换能器均可以按一定的角度步长在水平方向上步进旋转，以获得不同散射斑块的声散射，然后通过求取平均值来获得海底声散射强度（图 9-9）。水平旋转角度步长一般为声源的水平波束角，BAMS 在 40kHz 时为 5°，BAMS 和 XBAMS 在 300kHz 时为 1°。纵观 20 世纪 90 年代的海底声散射测量技术发展，主要有如下两个特点：①新技术不断被应用到海底声散射测量，如低频弯张换能器技术、时延相控发射技术、多基元接收波束形成技术、步进自动控制技术等；②同步开展海底粗糙度、沉积物非均匀性等环境参数测量以及相关技术研发，以便能够建立精细的海底声散射预测模型（刘保华等，2017）。

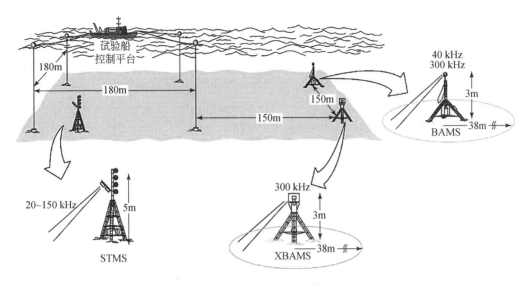

图 9-7　SAX99 声学实验海底声散射测量设备及布局

资料来源：Williams 等（2009）

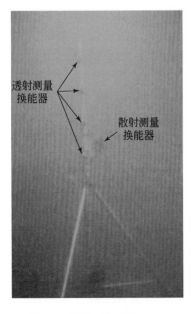

图 9-8　放置于海底的 STMS　　　　　图 9-9　放置于船甲板的 XBAMS

　　SAX04 是 SAX99 的延续和深化，与 SAX99 相比，SAX04 具有如下改进：①声学换能器固定于一个可以在导轨上移动的支架上，导轨铺设于海底，共有 4 段，每段 7m，支架在导轨上按照指定步长自动步进移动，比潜水员人工移动设备更为精确；②除了使用 STMS 的平面声源（EA33）和收发合置换能器（EA41）外，增加了三对换能器，测量频带拓宽为 20 ~ 500kHz；③增加了海底前向声散射测量（Williams et al.，2009）（图 9-10）。

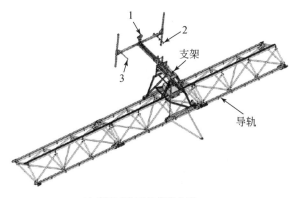

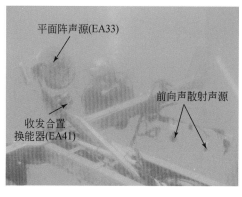

(a) 观测系统及换能器布设　　　　　　　　　　　(b) 布放在水下的换能器

图 9-10　SAX04 海底声散射测量设备及布局

1. 平面阵声源（EA33）和收发合置换能器（EA41）, 2. 前向声散射声源, 3. 前向声散射水听器

资料来源：Williams 等（2009）

　　意大利 SACLANT 水下研究中心采用如图 9-11 所示的垂直接收阵和组合换能器声源对 400~4000Hz 频带的海底反向声散射进行了测量。实验采用的 ITC4001 换能器声源由 3 个换能器组成，通过不同组合间隔产生频率分别为 1200Hz、1800Hz、3600Hz 的指向性声波，弯张换能器声源（Mod-40s）由两个间距为 1.25m 的低频弯张换能器组合产生频率为 600Hz 的指向性声波。另外，使用标准 100W 灯泡作为宽带脉冲声源。接收采用间距为 18cm 的 32 基元接收阵，水听器为 Benthos AQ-4（Holland et al.，2000）。

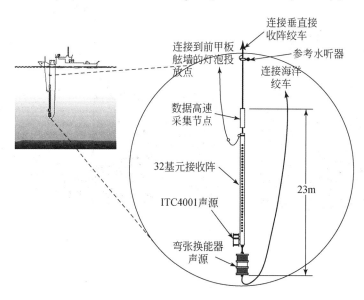

图 9-11　中低频（400~4000Hz）海底声散射测量设备及布局

资料来源：Holland 等（2000）

加拿大国防研究与发展中心研发了一种用于浅海中频小掠射角海底声散射测量的设备，由参量阵声源、超指向性接收线列阵、立体接收阵、安装平台等部分组成（图9-12）（Hines et al.，2005）。参量阵声源由9个基元组成，4kHz和8kHz的发射响应分别为185dB和192dB（测量距离为5m），水平和垂直波束宽度为4°~7°。超指向性接收线列阵由6个小型全向性水听器组成，基元间距为16cm。安装参量阵和超指向性接收线列阵的支架可以360°旋转，水平和垂直转角的测量精度为±1°。研究人员使用该设备对砂质海底反向声散射特性进行了测量，测量频率为4kHz和8kHz，掠射角为3°~15°。2010年，La和Choi（2010）采用单个的全向性声源和全向性水听器在韩国南部的近岸浅水海域开展了频率为8kHz的海底声散射测量。全向性声源距离海底1.0m，试验过程中声源发射主频为8kHz、长度为0.6ms的连续脉冲波，全向性水听器位于声源下方0.1m处，此种工作方式可近似为反向声散射测量。每隔0.5s收发一次，循环收发100次，通过平均，最终计算出测量区域的海底反向声散射强度。

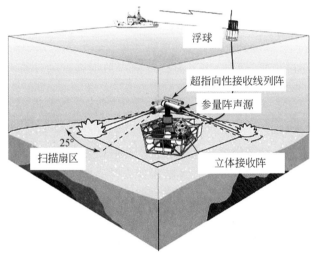

(a) 小掠射角海底反向散射测量　　　　　　　　(b) 参量阵声源和接收阵

图9-12　浅海小掠射角海底反向声散射测量实验及所用设备

资料来源：Hines 等（2005）

在国内，金国亮等（1987）在放置于海底的支架上安装10个换能器，轮流以其中一个作为发射，其余作为接收，进行了频率为10kHz的海底声散射测量。宋磊（2007）、薛婷（2008）采用具有指向性平面换能器阵声源和T形接收阵在浅海进行了海底声散射系数实验测量（图9-13）。声源工作频带为20~40kHz，工作频带内的声源级为230~233dB re. 1μPa@1m。曹正良等（2010）采用T形矩阵方法对平面海底界面上球体目标的声散射建模进行了研究。2014年以来，国家海洋局第一海洋研究所（现为自然资源部第一海洋研究所）联合国家深海基地管理中心等单位，采用中低频全向性声源和全向性水听器在黄海开展了频率范围为1~24kHz的海底反向声散射测量。工作方法、所用仪器设备和初步成果将在第 10 章详细介绍。

(a) 平面换能器阵声源

(b) T形接收阵

图 9-13　国内海底高频声散射测量所使用的平面换能器阵声源和 T 形接收阵
资料来源：宋磊（2007）

　　本章从实验测量的角度出发，通过声呐方程给出了海底反向声散射强度的计算方法。其中，声源级、接收灵敏度、发射指向性和接收指向性通过校准获得，某一时刻（对应于某一掠射角）的海底声散射强度由多个独立测量样本的平均值衡量，对该时刻散射声强有贡献的有效照射区域面积应结合发射–接收系统的波束类型和脉冲长度分情况采用不同的计算方式，而声呐方程中每一项的校准或计算精度将直接决定着海底声散射强度的测量精度。海底声散射特性测量所使用的仪器设备的发展历程反映出如下特点和规律：①通过不断融合新技术，测量精度、准确度和综合性能不断提高。②早期，仪器工作频率主要集中在 20kHz 以上；目前，通过弯张换能器声源、参量阵声源以及波束形成技术等新技术，中低频海底声散射仪器不断成功研发，并得到广泛应用。

|第10章| 海底声散射测量技术应用

声散射强度虽然属于海底的固有性质,但不同海域、不同底质类型的海底声散射特性存在明显的差异。其复杂性和多样性表现在两方面:一方面,海底声散射一般与海底底质类型有关 [在声学范畴内大致划分为四类,即泥(包括粉砂和黏土)、砂、砂砾和岩石],即使对于同一底质类型,不同海域的海底声散射强度也可能存在较大差异;另一方面,不同底质类型和频率范围的海底声散射强度随频率的变化关系也存在差异。因此,在特定海域系统地开展海底声散射特性测量和研究是非常必要的。本章结合黄海海域海底反向声散射散射特性测量实验,详细介绍海底声散射测量技术应用以及海底声散射特性研究。10.1节主要介绍基于无指向性发射–接收系统(全向性声源和全向性水听器)的海底反向声散射特性测量实验。10.2节主要介绍实验测量的黄海海域砂质海底和泥质海底声散射强度与掠射角、频率的关系,并进行实验数据与模型对比分析。

10.1 黄海海域海底反向声散射特性测量实验

本节根据9.1.2节介绍的基于无指向性发射–接收系统的海底反向散射强度测量方法,采用全向性声源和全向性水听器,在黄海海域典型砂质海底区和泥质海底区开展了 6~24kHz 频段的海底反向声散射特性测量实验。

10.1.1 研究区概况和海底环境测量

砂质区和泥质区均位于南黄海海域。砂质区的 S 站位位于青岛东南约 120km 处,站位附近海底平坦,水深约 41m。泥质区 M 站位位于 S 站位的东北方向,距 S 站位约 98km,距青岛约 200km,站位附近水深约 52m。

在海底反向声散射测量实验过程中,分别对两个区域的海底主要环境参数进行了测量,包括海底沉积物主要物理性质测量、海水声速剖面测量和海底表面粗糙度测量。采用箱式取样器对海底沉积物进行取样,待实验完成之后,将沉积物样品进行实验室分析,获得其主要的物理参数。采用声速剖面仪测量海水声速剖面。采用自主研制的海底微地形激光三维扫描系统进行海底微地形测量,进而获得海底表面粗糙度统计参数。

砂质区 S 站位附近海底沉积物主要为细砂和极细砂,且非常坚硬。箱式取样仅获取厚度约为 10cm 的样品,上部 5cm 为比较均匀的细砂,下部 5cm 的沉积物中含有较多贝壳碎片。取样测量结果表明:海底沉积物为细砂,砂粒含量为 79.9%,平均粒径为 3.07ϕ,分数孔隙度为 0.461,颗粒密度为 3.28g/cm³。

泥质区 M 站位附近海底沉积物主要为粉砂质黏土，沉积物较软，箱式取样一般可获取厚度约为 60cm 的样品。取样测量结果表明：海底沉积物为粉砂质黏土，黏粒含量为53.3%，平均粒径为 7.29 φ，分数孔隙度为 0.647，颗粒密度为 2.84g/cm³。

砂质区 S 站位 9 月的海水声速剖面如图 10-1 所示，海水声速在水深 20m 附近存在一明显的跃层（对应于温跃层），而在海底附近，温跃层之下海水声速基本保持不变。泥质区同季节的海水声速剖面变化规律与砂质区基本相同。

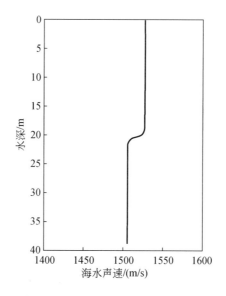

图 10-1　砂质区 S 站位海水声速剖面

海底粗糙度是引起海底声散射的重要机制之一，在声散射测量站位，采用自主研制的海底微地形激光三维扫描测量系统开展了海底粗糙度测量。海底微地形激光三维扫描测量系统主要包括坐底支架、水下摄像机、水下激光器、移动平台、传动机构、伺服电机、主控板等部分组成（图 10-2）。水下摄像机和水下激光器固定于移动平台，伺服电机带动移动平台沿两条平行圆导轨匀速移动。水下激光器发射的激光条纹照射到海底被测物体上，物体的凹凸不平导致激光条纹弯曲变化，采用高清高速摄像机拍摄并保存被物体散射后的激光条纹图像。移动平台带动水下激光器和水下摄像机移动的过程中，实现激光对一定区域内海底的连续扫描，获得覆盖测量区域的多幅激光条纹图像。然后利用激光条纹提取算法提取每个激光条纹图像中的中心激光线和每条中心激光线上的激光点。最后利用三角测距算法计算激光点在坐标系内的三维坐标。系统单次测量的最大扫描区域为 1.0m×3.0m，横向分辨率为 4mm，垂向分辨率为 0.1mm。

采用海底微地形激光三维扫描测量系统在砂质区 S 站位开展了海底微地形测量（图 10-3）。系统单程扫描过程采集约 1000 个高分辨率的激光条纹图像，通过对采集的激光条纹图像进行处理，获得扫描区域的三维地形高程数据。图 10-4 为在砂质区 S 站位获得的其中一次扫描测量的海底微地形三维高程，对应的实际海底区域大小为 2100mm×640mm。

(a) 系统外观

(b) 系统主要组成部件

图 10-2　海底微地形激光三维扫描测量系统及其主要组成部件

图 10-3　砂质区 S 站位海底粗糙度测量

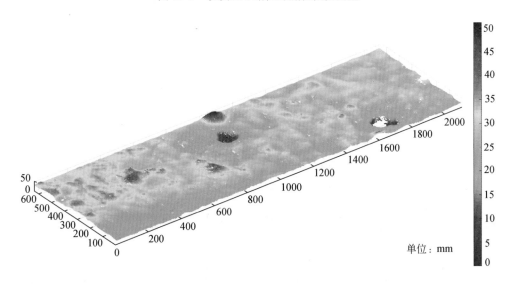

图 10-4　砂质区 S 站位海底微地形三维高程

根据测量获得的海底微地形三维高程数据（图10-4），通过处理得到沿 x 和 y 方向的平均一维粗糙度谱，如图10-5所示。比较图10-5中长度方向（x 轴方向）和宽度方向（y 轴方向）的平均一维粗糙度谱，可以看出两者较为相近，表明海底表面粗糙度为各向同性。在对应于海底声散射测量频段（6～24kHz）的波数范围内，采用式（10-1）的幂律谱 $W(K)$ 进行拟合：

$$W(K)=\frac{w_1}{K^{\gamma_1}} \tag{10-1}$$

式中，γ_1 为一维粗糙度谱的谱指数；w_1 为一维粗糙度谱的谱强度；K 为波数。在海底表面粗糙度各向同性的情况下，一维和二维谱参数之间的关系为（Jackson et al.，1986a）

$$\gamma_2=\gamma_1+1 \tag{10-2}$$

$$w_2=w_1\frac{\Gamma\left(\frac{\gamma_2}{2}\right)}{\sqrt{\pi}\Gamma\left(\frac{\gamma_2-1}{2}\right)} \tag{10-3}$$

式中，$\Gamma(\cdot)$ 为伽玛函数。

根据这一关系可以得到二维粗糙度谱的谱指数和谱强度分别为3.45和$2.17\times10^{-4}\text{m}^4$。在泥质海底站位，测量过程中因设备坐底时引起海底细粒沉积物颗粒再悬浮，海底附近的海水较为浑浊，激光散射比较严重，未能获得理想的海底微地形数据。

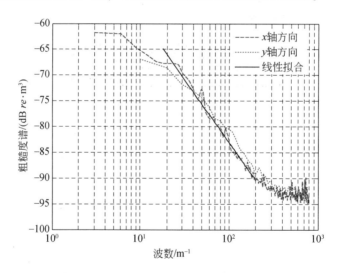

图10-5　砂质区S站位海底表面平均一维粗糙度谱

10.1.2　研究区海底反向声散射测量

海底反向散射强度测量系统包括全向性声源、全向性水听器和温深传感器（TD），实验设备布局如图10-6所示。声源和水听器固定在一个圆柱形不锈钢框架上。水听器紧邻声源，且与之处于同一高度。实际测量过程中更换三个不同的声源以覆盖 6～24kHz 的测量频带，三套换能器的主频分别为 8kHz、15kHz 和 20kHz，所对应的声源级分别为 203dB *re.* 1μPa@1m、201dB *re.* 1μPa@1m 和 205dB *re.* 1μPa@1m。全向性水听器在 2.5～30kHz 频带的灵敏度为 –177dB *re.* 1V/μPa@1m。温深传感器位于声源的正上方，用于标定声源和水听器的深度。在框架下方悬挂一重块，以保证测量系统的稳定性，最后通过船尾的龙门吊车将测量系统吊放至海水中。由于海底散射声强具有一定的随机性，测量过程中使测量船处于漂浮状态来获得独立的测量样本，以便通过平均散射声强计算海底反向散射强度。测量过程中，声源和水听器距海底的平均高度根据海底回波的到达时刻和海水中的声速计算。温深传感器记录的数据表明，温度和深度的起伏很小。

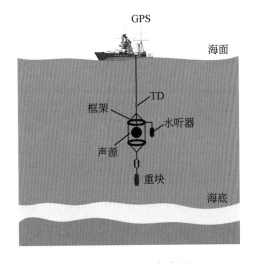

图 10-6　实验设备布局

根据三个声源的频率响应，测量频段选定为 6～24kHz，步长为 1kHz。发射信号采用脉冲长度为 1ms 的连续脉冲。每个测量频点均采用脉冲长度相近的 CW 脉冲，其主要目的在于保证具有近似相同的频率分辨率（理论上为 1kHz），使测得的反向散射强度近似代表该中心频率的值。在调查船漂浮的过程中，每个测量频点的信号发射 100 次（发射间隔 2s），以便获得平均声散射强度。水听器输出电信号经放大（增益 18dB）和滤波（频带为 0.5～40kHz，在一定程度上消除测量频带外的噪声干扰）后，利用数据采集卡进行采集并进行存储。两个站位接收到的频率为 8kHz 时扣除相干干扰（即所有接收脉冲的统计平均）后的接收信号如图 10-7 所示。首先到达的是混叠了框架回波的直达波，接下来依次为海底反向散射波和海面散射波。直达波不是我们关注的信号，因而图 10-7 中没有给出。比较两个站位的接收信号可以看出，泥质区 M 站位海底沉积物内部散射波要强于海底表面散射波。

图 10-8 进一步给出了根据接收信号包络（扣除接收增益）和水听器灵敏度计算得到的混响级，海底和海面部分与图 10-7 对应。其中，蓝色曲线代表对应于每个发射脉冲的独立样本，红色曲线代表平均值，用于计算海底反向散射强度。由此可以看出，海底混响级随时间逐渐衰落，最终趋近于海洋环境噪声级。

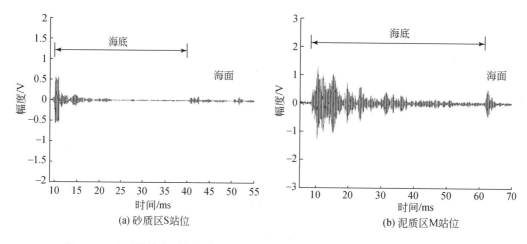

图 10-7　水听器接收到的频率为 8kHz 的回波信号（经放大和相关干扰剔除后）

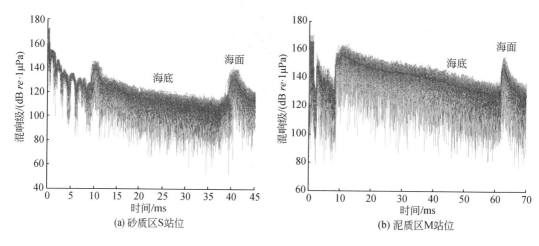

图 10-8　频率为 8kHz 时根据接收信号包络计算得到的混响级

10.2　黄海海底反向声散射特性研究

10.2.1　砂质海底区海底反向声散射特性

根据 100 次脉冲下的散射信号，采用 9.1.2 节中的处理方法，得到频率为 6kHz、10kHz、16kHz 和 24kHz 时的海底反向散射强度如图 10-9 所示。图中实心点代表最佳估计值 [计算 $<v_r(t)^2>$ 并代入式（9-18），散射截面或散射强度是基于随机变量 $I_s(\theta)$ 或 $v_r(t)$ 的统计平均定义的]，误差棒代表不确定度。

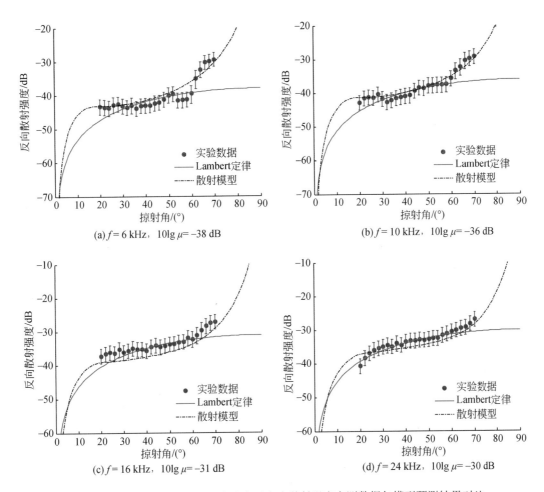

图 10-9　砂质区 S 站位不同频率海底反向声散射强度实测数据与模型预测结果对比

　　大掠射角下的海底反向散射信号更强，信噪比高，测量结果更可信。然而，小掠射角下的声源和水听器与海底的距离更远，信噪比低，测量结果更容易受到各种噪声的影响。总体来看，反向散射强度随掠射角的增大而增大，大掠射角下（60°~70°）增大得更快。从频率的角度来看，反向散射强度随频率的增大略有增大，这一频率变化关系与 Jackson 和 Richardson（2007）研究中给出的频率为 10kHz 及其以上的测量结果一致。作为参考，测得的反向散射强度略低于 Williams 等（2002b）研究中给出的频率为 20kHz 时 15°~40°掠射角的测量结果（测量站位的海底沉积物为中等粒度砂，颗粒平均粒径为 1.25φ），考虑频率依赖关系，这一比较结果是合理的。然而，由于沉积物组成成分、海底表面粗糙以及沉积物内部不均匀性等的差异，在沉积物类型相近的情况下，不同海域的海底反向散射强度也可能不同。

　　Lambert 定律作为一种对散射强度随掠射角变化规律的半经验性的描述方法，与几个测量站位的实验数据吻合较好（Rogers and Yamamoto，1996；Greenlaw et al.，2004）。对于反向散射，Lambert 定律给出的散射强度半经验公式为

$$S_b(\theta) = 10\lg\sin^2\theta + 10\lg\mu \qquad (10\text{-}4)$$

式中，μ 为 Mackenzie 系数。Lambert 定律给出的反向散射强度随掠射角正弦的平方而变化，其优点在于：①仅采用一个参数 μ 来描述反向散射强度随掠射角的变化规律，方法简单；②通过对实验数据拟合可以调整反向散射强度随掠射角变化曲线，从而获得与频率有关的结果。然而，Lambert 定律不具有物理基础，没有将反向散射强度与海底参数关联起来。在实际应用过程中，μ 最好通过对实验数据拟合获得。对于砂质区 S 站位，从图 10-9 Lambert 定律的拟合结果可以看出，测得的反向散射强度仅在中等掠射角下（30°~60°）与 Lambert 定律吻合较好，而大掠射角下的偏差较大。这一结果与其他研究人员的观测结果是一致的（Jackson and Richardson，2007）。

浅地层剖面仪的测量结果表明，测量站位海底表层沉积物无明显分层，因而采用基于 Jackson 等的散射模型进行模型-数据的拟合，图 10-9 给出了拟合结果。其中，沉积物/海水声速比 v_p 和沉积物损失参数 δ_p 基于 EDF 模型，根据分数孔隙度 β、颗粒平均粒径 M_z、颗粒质量密度和颗粒体积弹性模量计算 [颗粒质量密度和颗粒体积弹性模量以与孔隙水的相应参数比的形式给出，EDF 模型中的其他参数根据文献由分数孔隙度 β 和颗粒平均粒径 M_z 表示（Schock，2004）]。这样，散射模型中不仅考虑了沉积物的频散特性，而且对声速和衰减的估计也十分稳健（于盛齐，2014）。由于未测量全部的模型参数，采用反演的方法来估计 10 个模型参数。参考典型砂质沉积物的参数值设定模型参数搜索范围（Jackson and Ivakin，1998；Williams et al.，2002b；Jackson et al.，2010b），选择 6kHz、10kHz、16kHz 和 24kHz 4 个频率、多个掠射角下的反向散射强度最佳估计值作为拟合对象（倾向于大掠射角下的数据），采用优化算法获得的模型参数最优值见表 10-1（v_p 和 δ_p 为 8kHz 时的计算结果）。

表 10-1　砂质区 S 站位散射模型输入参数及取值

参数名称	符号	单位	搜索范围	最优值
分数孔隙度	β	无量纲	0.3~0.5	0.470
颗粒平均粒径	M_z	ϕ	2.0~4.0	2.77
颗粒与孔隙水质量密度比	ρ_r	无量纲	2.5~3.5	3.012
颗粒与孔隙水体积弹性模量比	K_r	无量纲	2.0~20	12.5
粗糙度谱的谱指数	γ_2	无量纲	2.0~4.0	3.76
粗糙度谱的谱强度	w_2	m^4	0.00001~0.0005	0.000242
归一化密度起伏谱的谱指数	γ_3	无量纲	1.0~8.0	3.72
归一化密度起伏谱的谱强度	w_3	m^3	0.001~0.01	0.00510
密度相关长度	L_c	m	0.001~0.05	0.0053
压缩率起伏比	μ	无量纲	0.1~2.0	1.16
沉积物/海水声速比	v_p	无量纲	—	1.037
沉积物损失参数	δ_p	无量纲	—	0.0275

　　拟合结果表明，通过拟合能够获得与实验数据吻合较好的模型，但频率为 6kHz 和 10kHz 时的海底反向散射强度最佳估计值表现出一定的起伏。由于反向散射强度对分数孔隙度、粗糙度谱的谱指数、粗糙度谱的谱强度和沉积物/海水声速比更为敏感，这些参数的估计结果更可信。与测量结果相比，分数孔隙度、粗糙度谱的谱指数和粗糙度谱的谱强度的估计值的相对误差分别为 1.95%、8.99% 和 11.5%。将表 10-1 中所列的粗糙度谱的谱指数和粗糙度谱的谱强度的最优取值与实际测量结果进行对比，可以看出最优拟合时的粗糙度谱的谱指数和粗糙度谱的谱强度与实测结果基本一致，从而也验证了海底粗糙度谱测量结果的合理性。沉积物/海水声速比的估计值对于细砂是合理的（考虑声速频散）。此外，颗粒平均粒径 M_z 同样得到了较好估计结果，相对误差为 9.8%。

　　值得注意的是，模型预报结果在临近掠射角（8kHz 时根据沉积物/海水声速比的估计值约为 15°）附近表现出明显增大的趋势，这一细节是 Lambert 定律无法模拟的。遗憾的是，在掠射角很小的情况下，散射信号十分微弱，无法精确计算出反向散射强度，因而这一现象在实验数据中没能清晰地表现出来。为了解决这一问题，在满足声源远场的条件下，测量系统需布放得离海底更近。

　　图 10-10 为砂质区 S 站位不同掠射角处海底反向散射强度随频率的变化关系，线性拟合结果表明，掠射角为 20° 和 70° 时，反向散射强度的斜率分别为 0.23dB/kHz 和 0.20dB/kHz，相关系数分别为 0.63 和 0.61。

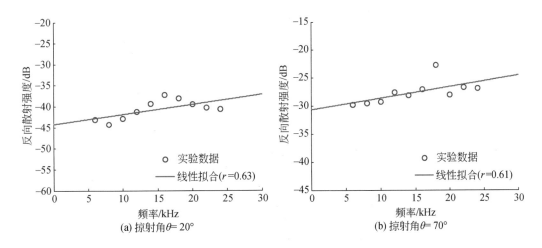

图 10-10　砂质区 S 站位不同掠射角处海底反向散射强度随频率的变化关系

　　Jackson 等的散射模型认为海底声散射主要源于海底表面粗糙和沉积物内部不均匀性，因而总散射强度可表示为

$$S_b = 10\lg(\sigma_{br} + \sigma_{bv}) \tag{10-5}$$

式中，σ_{br} 为海底表面粗糙散射截面；σ_{bv} 为沉积物体积散射的等效界面散射截面。为了分析两者对总散射的相对贡献大小，图 10-11 给出了采用表 10-1 中的最优值时，不同散射机制对应的散射强度。由此可以看出，在低频条件下（<10kHz），海底表面粗糙散射起主导作用。随着频率的增大，声波波长逐渐接近于沉积物内部不均匀性的尺度，沉积物内部不

均性引起的体积散射逐渐增强，在中小掠射角范围内逐渐趋近于粗糙散射强度。

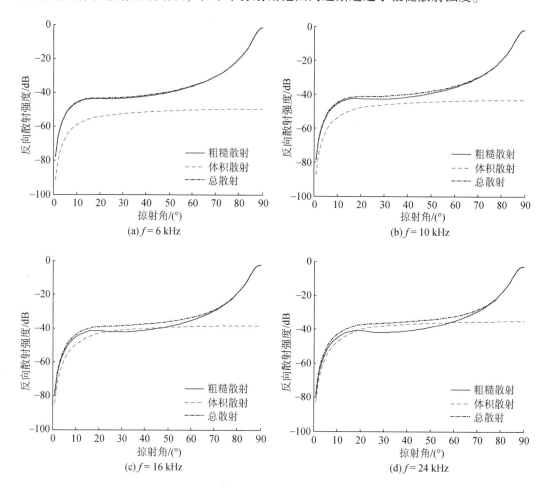

图 10-11 砂质区 S 站位不同散射机制对应的反向散射强度

10.2.2 泥质海底区海底反向声散射特性

通过计算，频率为 6kHz、12kHz、18kHz 和 24kHz 时的反向散射强度如图 10-12 所示。与砂质区 S 站位相比，泥质区 M 站位的反向散射强度总体上更强，并且存在明显的差异。掠射角 50°附近存在一个明显的峰值；当掠射角大于 50°时，反向散射强度随掠射角的增大而减小（大掠射角下的反向散射强度甚者低于小掠射角下的值）。相反，可以利用反向散射强度曲线这一差异性来定性地判别沉积物类型。

在大掠射角情况下，测得的反向散射强度偏离 Lambert 定律，如图 10-12 所示。与 Lambert 定律的预报结果恰恰相反，反向散射强度随掠射角的增大迅速减小。因此，在泥质区可能存在更为复杂的散射机制，Lambert 定律显得过于简单，有必要采用具有物理基础的散射模型来描述反向散射特性。

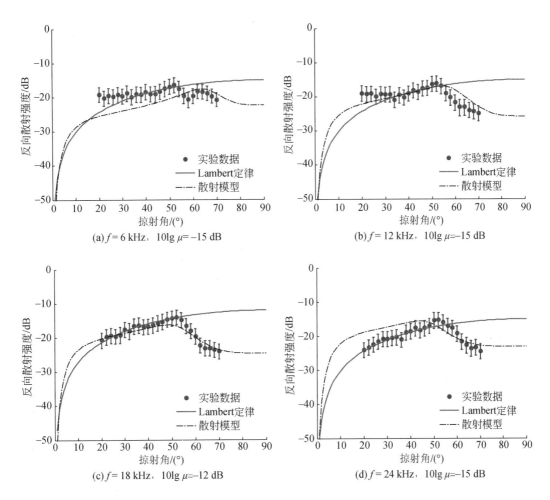

图 10-12　泥质区 M 站位不同频率海底反向声散射强度实测数据与模型预测结果对比

采用与 S 站位相同的处理方法，可以搜索得到最优模型。参考典型泥质沉积物的参数值设定模型参数搜索范围（Jackson et al., 1996；Jackson and Richardson, 2007），沉积物/海水声速比 v_p 和沉积物损失参数 δ_p 同样为 8kHz 时的计算结果。然而，采用表 10-2 中的最优值时，散射模型与实验数据拟合效果相对较差，特别是对于 10kHz 以下的低频情况。散射模型没能准确预报出反向散射强度曲线的峰值及其位置，峰值的出现暗示了该站位可能存在明显的分层［从图 10-7（b）的接收信号中同样可以看出］。为了解释这一新现象，应结合浅地层剖面，在散射模型中引入其他散射机制，如浅地层界面的粗糙散射和强各向异性层的体积散射等。

对于能够较为精确估计的参数，与取样测量结果相比，分数孔隙度 β 的相对误差为 8.50%。粗糙度谱的谱指数 γ_2 和粗糙度谱的谱强度 w_2 与另外一个颗粒平均粒径为 6.62ϕ 的测量站位相近（Jackson et al., 1996）。此外，颗粒平均粒径 M_z 同样得到了较好的估计结果，与取样测量结果相比，相对误差为 2.47%。泥质沉积物中的声速小于海水中的声速，因此不存在全内反射，反向散射强度在小掠射角范围内没有明显的"凸起"。

表 10-2　泥质区 M 站位散射模型输入参数及取值

参数名称	符号	单位	搜索范围	最优值
分数孔隙度	β	无量纲	0.5 ~ 0.7	0.592
颗粒平均粒径	M_z	ϕ	5.0 ~ 9.0	7.47
颗粒与孔隙水质量密度比	ρ_r	无量纲	2.5 ~ 3.5	2.874
颗粒与孔隙水体积弹性模量比	K_r	无量纲	2.0 ~ 20	13.2
粗糙度谱的谱指数	γ_2	无量纲	2.0 ~ 4.0	2.96
粗糙度谱的谱强度	w_2	m^4	0.000 01 ~ 0.002	0.001 97
归一化密度起伏谱的谱指数	γ_3	无量纲	1.0 ~ 8.0	3.64
归一化密度起伏谱的谱强度	w_3	m^3	0.001 ~ 0.05	0.025 3
密度相关长度	L_c	m	0.001 ~ 0.05	0.001 8
压缩率起伏比	μ	无量纲	0.1 ~ 4.0	2.37
沉积物/海水声速比	v_p	无量纲	—	0.967 5
沉积物损失参数	δ_p	无量纲	—	0.001 06

图 10-13 为泥质区 M 站位不同掠射角处海底反向散射强度随频率的变化关系。线性拟合结果表明，掠射角为 20° 和 70° 时，反向散射强度的斜率分别为 -0.27dB/kHz 和 -0.03dB/kHz，相关系数分别为 -0.82 和 -0.07。值得注意的是，大掠射角下的反向散射强度几乎与频率无关，在另外一个砂/泥测量站位的观测同样得到到了这一规律（Williams et al., 2009）。

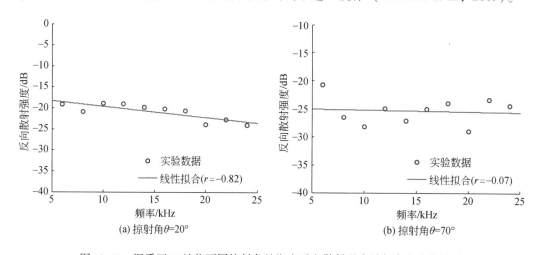

图 10-13　泥质区 M 站位不同掠射角处海底反向散射强度随频率的变化关系

如果仍采用这一散射模型来分析 M 站位的散射机制，采用表 10-2 中的最优值时，不同散射机制对应的反向散射强度如图 10-14 所示。在低频条件下，海底表面粗糙散射同样是主要的散射机制。随着频率的增大，沉积物内部不均匀性引起体积散射成为大掠射角下的主要散射机制。然而，将总散射归结为海底表面粗糙散射和体积散射时，对于每一种散射机制而言，反向散射强度随掠射角变化规律看起来是不合理的，因为海底表面粗糙度应该随掠射角的增大而增大。浅地层界面的粗糙散射也许能够用来解释掠射角 50°附近散射强度的明显增强。

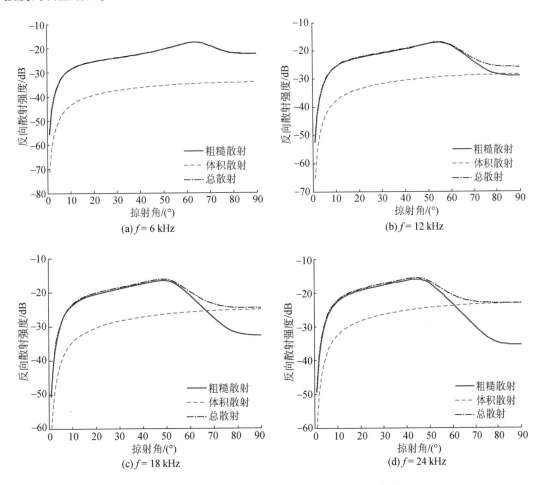

图 10-14　泥质区 M 站位不同散射机制对应的反向散射强度

参 考 文 献

曹正良,杜栓平,周士弘,等.2010.平面海底界面上球体目标的声散射建模研究.地球物理学报,53(2):401-410.

高伟,王宁.2010.一种基于支持向量机的海底声学参数快速统计反演方法.声学学报,35(3):343-352.

郭常升,李会银,成向阳,等.2009.海底底质声学参数测量系统设计.海洋科学,33(12):73-78.

何利,李整林,张仁和,等.2006.东中国海声速剖面的经验正交函数表示与匹配场反演.自然科学进展,16(3):351-355.

侯正瑜,郭常升,王景强,等.2015.一种新型海底沉积物声学原位测量系统的研制及应用.地球物理学报,58(6):1976-1984.

胡文祥.1994.声波测井资料弱初至波检测新方法.江汉石油学院学报,16:23-25.

金国亮,吴承义,张国华,等.1987.浅海二维海底散射系数的测量.声学学报,12(3):227-231.

金国亮,张仁和.1996.由浅海混响反演海底反射和散射系数.声学学报,21(增刊):565-572.

阚光明,刘保华,韩国忠,等.2010.原位测量技术在黄海沉积声学调查中的应用.海洋学报(中文版),32(3):88-94.

阚光明,赵月霞,李官保,等.2011.南黄海海底沉积物原位声速测量与实验室声速测量对比研究.海洋技术,30(1):52-56.

阚光明,苏远峰,李官保,等.2013.南黄海中部海底沉积物原位声速与物理性质相关关系.海洋学报(中文版),35(3):166-171.

阚光明,苏远峰,刘保华,等.2014a.南黄海中部海底沉积物声阻抗特性.吉林大学学报(地球科学版),44(1):386-395.

阚光明,张一凡,苏远峰,等.2014b.南黄海中部海底沉积物剪切波速度测量及其与物理力学性质参数的关系.海洋科学进展,32(3):335-342.

蓝先洪,张训华,张志珣.2005.南黄海沉积物的物质来源及运移研究.海洋湖沼通报,1(4):53-60.

李风华,张仁和.2000.由脉冲波形与传播损失反演海底声速与衰减系数.声学学报,25(4):297-302.

李风华.2000.浅海混响与海底散射模型.北京:中国科学院研究生院博士学位论文.

李倩宇.2018.海底含气沉积物原位声学测量方法与声学特性研究.南昌:东华理工大学硕士学位论文.

刘保华,阚光明,裴彦良,等.2017.海底声散射特性研究进展.海洋学报,39(7):1-11.

刘强,卢博,黄韶健,等.2007.海底沉积物颗粒因素在不同频率下对声衰减的影响.热带海洋学报,26(4):27-31.

卢博.1997.南沙群岛海域浅层沉积物物理性质的初步研究.中国科学(D辑:地球科学),27(1):77-81.

卢博,梁元博.1991.海洋沉积物声速与其物理-力学参数的相关性.热带海洋,10(3):96-100.

卢博,梁元博.1993.海洋沉积物声速与物理参数的关系.海洋科学,6:54-57.

卢博,梁元博.1994.中国东南沿海海洋沉积物物理参数与声速的统计相关.中国科学(B辑:化学 生命科学 地学),24(5):556-560.

卢博,刘强.2008.海底沉积物声学响应中的颗粒与孔隙因素.热带海洋学报,27(3):23-29.

卢博,李赶先,黄韶健,等. 2005. 中国黄海、东海和南海北部海底浅层沉积物声学物理性质之比较. 海洋技术,24(2):28-33.

卢博,李赶先,孙东怀,等. 2006. 中国东南近海海底沉积物声学物理性质及其相关关系. 热带海洋学报,25(2):12-17.

卢博,李赶先,黄韶健,等. 2007. 用声学三参数判别海底沉积物性质. 声学技术,26(1):6-14.

潘国富. 2003. 南海北部海底浅部沉积物声学特性研究. 上海:同济大学博士学位论文.

潘国富,叶银灿,来向华,等. 2006. 海底沉积物实验室剪切波速度及其与沉积物的物理性质之间的关系. 海洋学报(中文版),(5):64-68.

潘国富,吴和锦,王小燕,等. 2015. 海底沉积物剪切波速和衰减共振柱测试初探. 声学技术,34(4):78-80.

彭朝晖,周纪浔,张仁和. 2000. 非均匀海底和粗糙度界面引起的平面内海底散射. 中国科学(G辑),30(6):560-566.

宋磊. 2007. 海底散射系数测量方法研究. 哈尔滨:哈尔滨工程大学硕士学位论文.

唐永禄. 1998. 海底沉积物孔隙度与声速的关系. 海洋学报(中文版),20(6):39-43.

陶春辉,金肖兵,金翔龙,等. 2006b. 多频海底声学原位测试系统研制和试用. 海洋学报(中文版),28(2):46-50.

陶春辉,王东,金翔龙,等. 2006a. 海底沉积物声学特性和原位测试技术. 北京:海洋出版社.

王飞,黄益旺,孙启航. 2018. 沙质沉积物声学参数测量的换能器驱动信号补偿方法. 哈尔滨:哈尔滨工程大学学报,39(6):1039-1045.

王景强. 2015. 海底底质声学原位测量技术和声学特性研究. 北京:中国科学院大学博士学位论文.

王景强,郭常升,刘保华,等. 2016. 基于Buckingham模型和Biot-Stoll模型的南沙海域沉积物声速分布特性. 地球学报,37(3):359-367.

王中波,杨守业,张志珣,等. 2012. 东海陆架中北部沉积物粒度特征及其沉积环境. 海洋与湖沼,43(6):1039-1049.

薛婷. 2008. 基于T型乘积阵的海底散射系数测量方法研究. 哈尔滨:哈尔滨工程大学硕士学位论文.

薛钢,刘延俊,季念迎,等. 2017. 海底底质声学现场探测设备机械系统研究. 大连理工大学学报,57(3):252-258.

闫慧梅,田旭,徐方建,等. 2016. 中全新世以来南海琼东南近岸泥质区物质来源. 海洋学报,38(7):97-106.

杨坤德. 2003. 水声信号的匹配场处理技术研究. 西安:西北工业大学博士学位论文.

杨坤德,马远良. 2003. 浅海地声参数宽带匹配场反演的实验研究. 西北工业大学学报,21(5):611-615.

杨坤德,马远良. 2009. 利用海底反射信号进行地声参数反演的方法. 物理学报,58(3):1798-1805.

于盛齐. 2014. 基于反向散射强度的海底参数反演方法研究. 哈尔滨:哈尔滨工程大学博士学位论文.

袁聚云,徐超,赵春风,等. 2004. 土工试验与原理测试. 上海:同济大学出版社.

张宪军,蓝先洪,赵广涛. 2007. 南黄海中西部表层沉积物粒度特征分析. 海洋地质动态,23(7):8-13.

张严心. 2017. 海底沉积物原位声学信号提取技术研究. 北京:中国科学院大学硕士学位论文.

张学磊. 2009. 海底地声参数的混合反演方法. 北京:中国科学院声学研究所博士学位论文.

赵利,彭学超,钟和贤,等. 2016. 南海北部陆架区表层沉积物粒度特征与沉积环境. 海洋地质与第四纪地质,36(6):111-122.

周志愚,杜继川,赵广存,等. 1983. 南海、黄海海底声速垂直分布的测量结果. 海洋学报(中文版),5(5):543-552.

邹大鹏,卢博,吴百海,等. 2009. 基于同轴差距测量法的南海深水海底沉积物声衰减特性研究. 热带海洋学报,28(3):35-39.

邹大鹏,卢博,阎贫,等. 2012a. 南海北部海底沉积物在温度变化下的三种声速类型. 地球物理学报,
55(3):1017-1024.

邹大鹏,阎贫,卢博. 2012b. 基于海底表层沉积物声速特征的南海地声模型. 海洋学报(中文版),34(3):
80-86.

邹大鹏,阚光明,龙建军. 2014. 海底浅表层沉积物原位声学测量方法探讨. 海洋学报(中文版),36(11):
111-119.

Abernethy S H. 1965. Improved equipment for a pulse method of sound velocity measurement in water, rock and
sediment. Technical Memorandum of U. S. Navy Electronics Laboratory, San Diego, California:1-16.

Anderson R S. 1974. Statistical correlation of physical properties and sound velocity in sediments//Hampton L.
Physical of Sound in Marine Sediment. New York:Plenum Press.

Badiey M, Cheng A H, Mu Y. 1998. From geology to geoacoustics- Evaluation of Biot- Stoll sound speed and
attenuation for shallow water acoustics. The Journal of the Acoustical Society of America,103:309-320.

Ballard M S, Lee K M, McNeese A R, et al. 2016. Development of a system for in situ measurements of geoacoustic
properties during sediment coring. Proceeding of 171st Meeting of the Acoustical Society of America. Salt Lake
City, Utah:1-7.

Barry W A, Jackson D R. 1980. Split-beam towed sonar for ocean acoustic measurement. OCEANS'80 Conference
Proceedings, Seattle. WA, USA:267-271.

Barry W, Jackson D, Schultz J. 1978. A flexible towed sonar for ocean acoustic measurements. Proceedings of
IEEE International Conference on Acoustics, Speech, and Signal Processing. Tulsa, OK, USA:152-154.

Berryman J G. 1980. Long- wavelength propagation in composite elastic media, Ⅰ. spherical inclusion. The
Journal of the Acoustical Society of America,68:1809-1819.

Berryman J G. 1999. Origin of Cassmann's equations. Geophysics,64:1627-1629.

Best A I, Gunn D E. 1999. Calibration of marine sediment core loggers for quantitative acoustic impedance studies.
Marine Geology,160:137-146.

Best A I, Roberts J A, Somers M L. 1998. A new instrument for making in- situ acoustic and geotechnical
measurements in seafloor sediments. Underwater Technology,23(3):123-131.

Best A I, Huggett Q J, Harris A J K. 2001. Comparison of in situ and laboratory acoustic measurements on Lough
Hyne marine sediments. The Journal of the Acoustical Society of America,110(2):695-709.

Bibee L D. 1993. In situ measurements of seafloor shear- wave velocity and attenuation using seismic interface
waves//Pace N G, Langhorne D N. Acoustic Classification and Mapping of the Seabed. Bath in UK:University
of Bath:33-40.

Biot M A. 1956a. Theory of propagation of elastic waves in a fluid saturated porous solid,I. Low frequency range.
The Journal of the Acoustical Society of America,28:168-178.

Biot M A. 1956b. Theory of propagation of elastic waves in a fluid saturated porous solid,II. Higher frequency
range. The Journal of the Acoustical Society of America,28:179-191.

Biot M A. 1962a. Mechanics of deformation and acoustic propagation in porous media. Journal of Applied Physics,
33:1482-1498.

Biot M A. 1962b. Generalized theory of acoustic wave propagation in porous dissipative media. The Journal of the
Acoustical Society of America,34:1254-1264.

Boehme H, Chotiros N P, Rolleigh L D, et al. 1985. Acoustic backscattering at low grazing angles from the ocean bottom. Part I. Bottom backscattering strength. The Journal of the Acoustical Society of America, 77(3): 962-974.

Boyce R E. 1973. Physical property method. Initial Reports of the Deep Sea Drilling, Appendix I, 15: 1121-1124.

Briggs K, Richardson M, Williams K, et al. 1998. Measurement of grain bulk modulus using sound speed measurements through liquid/grain suspensions. The Journal of the Acoustical Society of America, 104(3), 1788.

Briggs K B, Tang D J, Williams K L. 2002. Characterization of interface roughness of rippled sand off fort Walton Beach, Florida. IEEE Journal of Oceanic Engineering, 27(3):505-514.

Brooke G H, Thomson D J, Ebbeson G R. 2001. PECan: a Canadian parabolic equation model for underwater sound propagation. Journal of Computational Acoustics, 9(1):69-100.

Broschat S L, Thorsos E I. 1997. An investigation of the small slope approximation for scattering from rough surface. Part II. Numerical studies. The Journal of the Acoustical Society of America, 101(5):2615-2625.

Bucker H P, Whitney J A, Keir D L. 1964. Use of Stoneley waves to determine the shear velocity in ocean sediments. The Acoustical Society of America, 36:1595-1596.

Buckingham M J. 1997. Theory of acoustic attenuation, dispersion, and pulse propagation in unconsolidated granular materials including marine sediments. The Journal of the Acoustical Society of America, 102: 2579-2596.

Buckingham M J. 1998. Theory of compressional and shear waves in fluidlike marine sediments. The Journal of the Acoustical Society of America, 103(1):288-299.

Buckingham M J. 2000. Wave propagation, stress relaxation, and grain-to-grain shearing in saturated, unconsolidated marine sediments. The Journal of the Acoustical Society of America, 108:2796-2815.

Buckingham M J. 2005. Compressional and shear wave properties of marine sediments: Comparisons between theory and data. The Journal of the Acoustical Society of America, 117:137-152.

Buckingham M J, Richardson M D. 2002. On tone-burst measurements of sound speed and attenuation in sandy marine sediments. IEEE Journal of Oceanic Engineering, 27(3):429-453.

Bunchuk A V, Zhitkovskii Y Y. 1980. Sound scattering by the ocean bottom in shallow-water region(review). Sov. Phys. Acoust., 26:363-370.

Carroll P J. 2009. Final Report: Underwater(UW) Unexploded Ordnance(UXO) Multi-Sensor Data Base(MSDB) Collection. SERDP Project MM-1507.

Chapman N R, S Chi-Bing, King D, et al. 2003. Benchmarking geoacoustic inversion methods in range dependent waveguides. IEEE Journal of Oceanic Engineering, 28:320-330.

Chu D Z, Williams K L, Tang D J, et al. 1997. High-frequency bistatic scattering by sub-bottom gas bubbles. The Journal of the Acoustical Society of America, 102(2):806-814.

Collins M D. 2012. User's Guide for RAM Versions 1.0 and 1.0p. http://staff. washington. edu/dushaw/AcousticsCode/ram. pdf [2017-07-20].

Crowther P A. 1983. Some statistics of the sea-bed and scattering therefrom//Pace N G. Acoustics and the sea-bed. Bath in UK: University of Bath, 147-155.

Dacol D K. 1990. The kirchhoff approximation for acoustic scattering from a rough fluid-elastic solid interface. The Journal of the Acoustical Society of America, 88(2):978-983.

Domenico S N. 1977. Elastic properties of unconsolidated porous sand reservoirs. Geophysics, 42:1449-1455.

海底沉积物声学特性测量技术与应用

Dvorkin J, Hoeksema R N. 1994. The squirt-flow mechanism: macroscopic description. Geophysics, 59: 428-438.

Dvorkin J, Nur A. 1993. Dynamic poroelasticity: A unified model with the squirt and the Biot mechanisms. Geophysics, 58: 524-533.

Dvorkin J, Nur A. 1995. Squirt-flow in fully saturated rocks. Geophysics, 60: 97-107.

Endler M, Endler R, Bobertz B, et al. 2015. Linkage between acoustic parameters and seabed sediment properties in the south-western Baltic Sea. Geo-Marine Letters, 35(2): 145-160.

Essen H H. 1994. Scattering from a rough sedimental seafloor containing shear and layering. The Journal of the Acoustical Society of America, 95(3): 1299-1310.

Feistel R. 2003. A new extended Gibbs thermodynamic potential of seawater. Progress in Oceanography, 58(1): 43-114.

Fofonoff N P, Millard R C. 1983. Algorithms for computation of fundamental properties of seawater. UNESCO Tech. Pap. Mar. Sci, 44: 1-53.

Fu S S, Wilkens R H, Frazer L N, et al. 1996. Acoustic lance: New in situ seafloor velocity profiles. The Journal of the Acoustical Society of America, 99(1): 234-242.

Gassmann, F. 1951. Elastic waves through a packing of spheres. Geophysics, 16: 673-685.

Gorgas T J, Kim G Y, Park S C, et al. 2003. Evidence for gassy sediments on the inner shelf of SE Korea from geoacoustic properties. Continental Shelf Research, 23: 821-834.

Gragg R F, Wurmser D, Gauss R C. 2001. Small-slope scattering from rough elastic ocean floors: General theory and computational algorithm. The Journal of the Acoustical Society of America, 110(6): 2878-2901.

Greaves R J, Stephen R A. 1997. Seafloor acoustic backscattering from different geological provinces in the Atlantic Natural Laboratory. The Journal of the Acoustical Society of America, 111(1): 193-208.

Greenlaw C F, Holliday D V, McGehee D E. 2004. High-frequency scattering from saturated sand sediments. The Journal of the Acoustical Society of America, 115(6): 2818-2823.

Griffin S R, Grosz F B, Richardson M D. 1996. In situ sediment geoacoustic measurement system. Sea Technol, 37: 19-22.

Gunn D E, Best A I. 1998. A new automated nondestructive system for high resolution multi-sensor core logging of open sediment cores. Geo-Marine Letters, 18(1): 70-77.

Hamilton E L. 1963. Sediment sound velocity measurements made in situ from bathyscaph Trieste. Journal of Geophysical Research, 68: 5991-5998.

Hamilton E L, Bachman R T. 1982. Sound velocity and related properties of marine sediments. The Journal of the Acoustical Society of America, 72: 1891-1904.

Hamilton E L, Shumway G, Menard H W, et al. 1956. Acoustic and other physical properties of shallow-water sediments off San Diego. The Journal of the Acoustical Society of America, 28: 1-15.

Hamilton E L. 1970. Sound velocity and related properties of marine sediments, North Pacific. Journal of Geophysical Research, 75: 4423-4446.

Hamilton E L. 1980. Geoacoustic modeling of the seafloor. the Acoustical Society of America, 68: 1313-1340.

Han T C, Liu B H, Kan G M, et al. 2012. Joint elastic-electrical properties of sediments in the Yellow Sea. Science China Earth Sciences, 55(1): 143-148.

Hefner B T, Jackson D R, Williams K L, et al. 2009. Mid-to high-frequency acoustic penetration and propagation measurements in a sandy sediment. IEEE Journal of Oceanic Engineering, 34(4): 372-387.

Hickey C J, Sabatier J M. 1997. Choosing Biot parameters for modeling water-saturated sand. The Journal of the

Acoustical Society of America,102(3):1480-1484.

Hines P C,Osler J C,MacDougald D J. 2005. Acoustic backscatter measurements form littoral seabeds at shallow grazing angles at 4 and 8kHz. The Journal of the Acoustical Society of America,117(6):3504-3516.

Hines P C. 1990. Theoretical model of acoustic backscatter from a smooth seabed. The Journal of the Acoustical Society of America,88(1):324-334.

Holland C W,Hollett R,Troiano L. 2000. Measurement technique for bottom scattering in shallow water. The Journal of the Acoustical Society of America,108(3):997-1011.

Holland J H. 1975. Adaptation in Natural and Artificial Systems. Michigan:The University of Michigan Press.

Hovem J M,Ingram G D. 1979. Viscous attenuation of sound in saturated sand. The Journal of the Acoustical Society of America,66:1807-1812.

Huang C F,Hodgkiss W S. 2004. Matched-field geoacoustic inversion of low-frequency source tow data from the ASIAEX East China Sea experiment. IEEE Journal of Oceanic Engineering,29(4):952-963.

Ivakin A N. 1986. Sound scattering by random inhomogeneities of stratified ocean sediments. Soviet Physics Acoustics,32(3):492-496.

Ivakin A N. 1993. Sound Scattering by Rough Interface and Volume Inhomogeneities of the Sea Bottom. In Acoustical Monitoring of Media. Moscow,Russia:Andreev Acoustics Institute.

Ivakin A N. 1994a. Modelling of sound scattering by the sea floor. J. de Physique IV,4:1095-1098.

Ivakin A N. 1994b. Sound scattering by rough interface and volume inhomogeneities of the sea bottom. Acoust. Phys.,40(3):427-428.

Ivakin A N. 1994c. Sound scattering by rough interfaces and volume inhomogeneities of a layered seabed. The Journal of the Acoustical Society of America,95(5):2884-2885.

Ivakin A N. 1994d. Sound scattering by rough interfaces of layered media//Crocker M J. Third International Congress on Air- &Structure- Borne Sound and Vibration. Montreal, Canada: International Publications,3:1563-1570.

Ivakin A N. 1997. Unified model for seabed volume and roughness scattering//Pace N,Pouliquen E,Bergem O, and Lyons A. High Frequency Acoustics in Shallow Water. La Spezia,Italy:SACLANT Centre:67-273.

Ivakin A N. 1998. A unified approach to volume and roughness scattering. The Journal of the Acoustical Society of America,103(2):827-837.

Jackson D R. 2013. The small-slope approximation for layered seabeds. The Journal of the Acoustical Society of America,133(5):3251.

Jackson D R,Briggs K B. 1992. High- frequency bottom backscattering:roughness versus sediment volume scattering. The Journal of the Acoustical Society of America,92(2):962-977.

Jackson D R,Ivakin A N. 1998. Scattering from elastic sea beds:First-order theory. The Journal of the Acoustical Society of America,103(1):336-345.

Jackson D R,Richardson M D. 2007. High-Frequency Seafloor Acoustics. New York:Springer Press.

Jackson D R,Baird A M,Crisp J J,et al. 1986a. High- frequency bottom backscatter measurement in shallow water. The Journal of the Acoustical Society of America,80(4):1188-1199.

Jackson D R,Winebrenner D P,Ishimaru A. 1986b. Application of the composite roughness model to high-frequency bottom backscattering. The Journal of the Acoustical Society of America,79(5):1410-1422.

Jackson D R,Briggs K B,Williams K L,et al. 1996. Tests of models for high-frequency seafloor backscatter. IEEE Journal of Oceanic Engineering,21(4):458-470.

Jackson D R,Odom R I,Boyd M L,et al. 2010. A geoacoustic bottom interaction model(GABIM). IEEE Journal of Oceanic Engineering,35(3):603-617.

Johnson D L,Koplik J,Dashen R. 1987. Theory of dynamic permeability and tortuosity in fluid-saturated porous media. J. Fluid Mech,176:379-402.

Kim D C,Sung J Y,Park S C. 2001. Physical and acoustic properties of shelf sediments,the South Sea of Korea. Marine Geology,179:39-50.

Kim G Y,Park K J,Lee G S,et al. 2018. KISAP:A new In situ seafloor velocity measurement tool. Marine Georesources and Geotechnology,36(3):264-270.

Kimura M. 2000. Grain bulk modulus of marine sediment. Japanese Journal of Applied Physics,39:3180-3183.

Kraft B J,Mayer L A,Simpkin P,et al. 2002. Calculation of in situ acoustic wave properties in marine sediments// Pace N G,Jensen F B. Impact of littoral environmental variability on acoustic predictions and sonar performance. Netherlands:Kluwer Academic Press.

Kraft B J,Ressler J,Mayer L A,et al. 2005. In-situ measurement of sediment acoustic properties. International Conference "Underwater Acoustic Measurements:Technologies & Results". Heraklion,Greece.

Kuo E T. 1964. Wave scattering and transmission at irregular surfaces. The Journal of the Acoustical Society of America,36:2135-2142.

Kuo E Y. 1992. Acoustic wave scattering from two solid boundary at the ocean bottom:reflection loss. IEEE Journal of Oceanic Engineering,17(1):159-170.

Kuperman W A,Schmidt H. 1986. Rough surface elastic wave scattering in a horizontally stratified ocean. The Journal of the Acoustical Society of America,79(6):1767-1977.

La H,Choi J W. 2010. 8-kHz bottom backscattering measurements at low grazing angles in shallow water. The Journal of the Acoustical Society of America,127(4):160-165.

LeBlanc L R,Middleton F H. 1980. An Underwater Acoustic Sound Velocity Data Model. The Journal of the Acoustical Society of America,67(6):2055-2062.

Liu B H,Han T C,Kan G M,et al. 2013. Correlations between the in situ acoustic properties and geotechnical parameters of sediments in the Yellow Sea,China. Journal of Asian Earth Sciences,77:83-90.

Lv B,Qi G L,Li G B,et al. 2019. Study on visual control system of acoustic in situ measurement technology for survey of seafloor sediment. Marine Georesources and Geotechnology. DOI:10. 1080/1064119X. 2019. 1599089.

Lyons A P,AndersonA L,Dwan F S. 1994. Acoustic scattering from the seafloor:modeling and data comparison. The Journal of the Acoustical Society of America,95(5):2441-2451.

Marketos G,Best A I. 2010. Application of the BISQ model to clay squirt flow in reservoir sandstones. Journal of Geophysical Research Solid Earth,115:B06209.

Mavko G,Nur A. 1975. Melt Squirt in asthenosphere. Journal of Geophysical Research,80(11):1444-1448.

Mavko G,Nur A. 1979. Wave attenuation in partially saturated rocks. Geophysics,44:161-178.

Mayer L A,Kraft B J,Simpkin P,et al. 2002. In-situ determination of variability of seafloor geoacoustic properties: An example from the ONR Geoclutter area//Pace N G,Jensen F B. Impact of littoral environmental variability on acoustic predictions and sonar performance. Netherlands:Kluwer Academic Press.

McKinney C M,Anderson C D. 1964. Measurement of backscattering of sound from the ocean bottom. The Journal of the Acoustical Society of America,36(1):158-163.

Moe J E,Jackson D R. 1994. First-order perturbation solution for rough surface scattering cross section including the effects of gradients. The Journal of the Acoustical Society of America,96(3):1748-1754.

Molis J C,Chotiros N P. 1992. A measurement of the grain bulk modulus of sands. The Journal of the Acoustical Society of America,91(4):2463-2463.

Mourad P D,Jackson D R. 1993. A model/data comparison for low-frequency bottom backscatter. The Journal of the Acoustical Society of America,94(1):344-358.

Moustier C D. 1986. Beyond bathymetry:mapping acoustic backscattering from the deep seafloor with sea beam. The Journal of the Acoustical Society of America,79(2):316-331.

Muir T G,Akal T,Richardson M D,et al. 1991. Comparison of techniques for shear wave velocity and attenuation measurements//Hovem J M,Richardson M D,Stoll R D. Shear Waves in marine sediments. Dordrecht:Kluwer Academic Publisher,283-294.

Murphy W F,Winkler K W,Kleinberg R L. 1986. Acoustic relaxation in sedimentary rocks:Dependence on grain contacts and fluid saturation. Geophysics,51:757-766.

McNeese A R,Lee K M,Ballard M S. 2015. Investigation of piezoelectric bimorph bender transducers to generate and receive shear waves//Acoustical society of America. Proceedings of meeting on acoustics. Vol22,030001. 168th Meeting of the acoustical society of America,Indianapolis,Indiana.

Nolle A W,Hoyer W A,Mifsud J F,et al. 1963. Acoustic properties of water-filled sands. The Journal of the Acoustical Society of America,35(9):1394-1408.

Orsi T H,Dunn D A. 1990. Sound velocity and related physical properties of fine-grained abyssal sediments from the Brazil Basin(South Atlantic Ocean). The Journal of the Acoustical Society of America,88(3):1536-1543.

Orsi T H,Dunn D A. 1991. Correlations between sound velocity and related properties of glacio-marine sediments: Barents Sea. Geo-Marine Letters,11:79-83.

Peter H D. 2001. ASIAEX,East China Sea cruise report of the activities of the R/V Melville 29 May to 9 June 2001. APL-UW TM7-01.

Porter M. 2008. General description of the BELLHOP ray tracing program. http://oalib. hlsresearch. com/Rays/GeneralDescription. pdf [2018-02-20].

Rauch D. 1980. Experimental and theoretical studies of seismic interface waves in coastal waters//Kuperman W A,Jensen F. Bottom Interacting Ocean Acoustics. New York:Plenum Press.

Rauch D. 1986. On the role of bottom interface waves in ocean seismo-acoustics:A review//Akal T,Berkson J M. Ocean Seismo-Acoustics. New York:Plenum Press.

Richardson M D,Briggs K B. 2004. Attenuation of shear waves in near-surface sediments//Pace N G,Pouliquen E,Bergem O,et al. High Frequency Acoustics in Shallow Water. La Spezia,Ttaly:NATO SACLANT Undersea Research Centre:451-457.

Richardson M D. 1986. Spatial variability of surficial shallow water sediement geoacoustic properties//Akal T, Berkson J M. Ocean Seismo-Acoustics. London:Plenum Press.

Richardson M D,Briggs K B. 1996. In situ and laboratory geoacoustic measurements in soft mud and hard-packed sand sediments:Implications for high-frequency acoustic propagation and scattering. Geo-Marine Letters,16(3): 196-203.

Richardson M D,Lavoie D L,Briggs K B. 1997. Geoacoustic and physical properties of carbonate sediments of the Lower Florida Keys. Geo-Marine Letters,17(4):316-324.

Richardson M D,Muzi E,Troiano L,et al. 1991a. Sediment shear waves:A comparison of in situ and laboratory measurements//Bennett R H,Bryant W R,Hurlbert M H. Microstructure of Fine Grained Sediments. New York: Springer.

Richardson M D, Muzi E, Miaschi B, et al. 1991b. Sediment shear velocity gradients in near-surface marine sediments//Hovem J M, Richardson M D, Stoll R D. Shear waves in marine sediments. Dordrecht: Kluwer.

Robb G B N. 2004. The in situ compressional wave properties of marine sediments. Southampton: University of Southampton.

Roger A K, Yamamoto T. 1996. Analysis of high-frequency acoustic scattering data measured in the shallow water of the Florida Strait. The Journal of the Acoustical Society of America, 106(5): 2469-2480.

Schmidt H, Seong W, Goh J T. 1995. Spectral Super-element Approach to Range-dependent Ocean Acoustic Modeling. The Journal of the Acoustical Society of America, 98(1): 912-924.

Schock S G. 2004. A method for estimating the physical and acoustic properties of the sea bed using chirp sonar data. IEEE Journal of Oceanic Engineering, 29(4): 1200-1217.

Shumway G. 1960. Sound speed and absorption studies of marine sediments by a resonance method. Geophysics, 25(2): 451-467.

Soukup R J, Gragg R F. 2003. Backscatter from a limestone seafloor at 2-3.5kHz: measurements and modeling. The Journal of the Acoustical Society of America, 113(5): 2501-2514.

Soukup R J, Canepa G, Simpson H J, et al. 2007. Small-slope simulation of acoustic backscatter from a physical model of an elastic ocean bottom. The Journal of the Acoustical Society of America, 122(5): 2551-2559.

Stanic S, Briggs K B, Fleischer P, et al. 1988. Shallow-water high-frequency bottom scattering off Panama City, Florida. The Journal of the Acoustical Society of America, 83(6): 2134-2144.

Stanic S, Briggs K B, Fleischer P, et al. 1989. High-frequency acoustic backscattering from a coarse shell ocean bottom. The Journal of the Acoustical Society of America, 85(1): 125-136.

Stanic S, Kennedy E, Ray R I. 1991. Variability of shallow-water bistatic bottom backscattering. The Journal of the Acoustical Society of America, 90(1): 547-553.

Stanic S, Eckstein B E, Williams R L, et al. 1998. A high-frequency shallow water acoustic measurement system. IEEE Journal of Oceanic Engineering, 13(3): 155-161.

Stockhausen J H. 1963. Scattering from the volume of an inhomogeneous half-space. The Journal of the Acoustical Society of Americal, 35(11): 1893.

Stoll R D, Bautista E O. 1998. Using the Biot theory to establish a baseline geoacoustic model for seafloor sediments. Continental Shelf Research, 18(14-15): 1839-1857.

Stoll R D, Bryan G M. 1970. Wave attenuation in saturated sediments. The Journal of the Acoustical Society of America, 47: 1440-1447.

Stoll R D, Kan T K. 1981. Reflection of acoustic waves at a water-sediment interface. The Journal of the Acoustical Society of America, 68: 1341-1350.

Stoll R D. 1977. Acoustic wave in ocean sediments. Geophys, 42: 715-725.

Stoll R D. 1985. Marine Sediment Acoustics. The Journal of the Acoustical Society of America, 77: 1789-1799.

Stoll R D. 1989. Sediment Acoustics. New York: Springer.

Stoll R D. 1995. Comments on Biot model of sound propagation in water-saturated sand. The Journal of the Acoustical Society of America, 97: 199-214.

Sun L, Meng X M, Wang J Q, et al. 2019. Research on the sediment acoustic properties based on a water coupled laboratory measurement system. Marine Georesources and Geotechnology, DOI: 10. 1080/1064119X. 2019. 1605638.

Tang D J. 1996. A note on scattering by a stack of rough interfaces. The Journal of the Acoustical Society of

America,99(3):1414-1418.

Tang D J,Jin G L,Jackson D R,et al. 1994. Analyses of high-frequency bottom and subbottom backscattering for two distinct shallow environments. The Journal of the Acoustical Society of America,96(5):2930-2936.

Tang D J,Frisk G V,Sellers C J,et al. 1995. Low-frequency acoustic backscattering by volumetric inhomogeneities in deep-ocean sediments. The Journal of the Acoustical Society of America,98(1):508-518.

Thorsos E I,William K L,Chotiros N P,et al. 2001. An overview of SAX99:acoustic measurements. IEEE Journal of Oceanic Engineering,26(1):4-25.

Thorsos E I. 1990. Acoustic scattering from a "Pierson-Moskowitz" sea surface. The Journal of the Acoustical Society of America,88(1):335-349.

Tolstoy A,Chapman N R,Brooke G. 1998. Workshop'97:Benchmarking for geoacoustic inversion in shallow water. Journal of Computational Acoustics,6(1):1-28.

Turgut A,Gauss R,Osler J. 2005. Measurements of velocity dispersion in marine sediments during the Baundary04 Malta Plateau Experiment. Oceans,3:2132-2136.

Turgut A. 2000. Approximate expressions for viscous attenuation in marine sediments:Relating Biot's "critical" and "peak" frequencies. The Journal of the Acoustical Society of America,108:513-518.

Urick R J. 1954. The Backscattering of sound from a harbor bottom. The Journal of the Acoustical Society of America,26(2):231-235.

Urick R J,Saling D S. 1962. Backscattering of explosive sound from the deep-sea bed. The Journal of the Acoustical Society of America,34(6):1721-1724.

Wang C C,Hefner B T,Tang D J. 2009. Evaluation of laser scanning and stereo photography roughness measurement systems using a realistic model seabed surface. IEEE Journal of Oceanic Engineering,34(4):466-475.

Wang Z,Nur A. 1990. Dispersion analysis of acoustic velocities in rock. The Journal of the Acoustical Society of America,87:2384-2395.

Wang J,Li G,Liu B,et al. 2018a. Experimental study of the ballast in-situ sediment acoustic measurement system in South China Sea. Marine Georesources and Geotechnology,36(5):515-521.

Wang J Q,Liu B H,Kan G M,et al. 2018b. Frequency dependence of sound speed and attenuation in fine-grained sediments from 25 to 250kHz based on a probe method. Ocean Engineering,160:45-53.

Weaver P E,Schultheiss P J. 1990. Current methods for obtaining,logging and splitting marine sediment cores. Marine Geophysical Researches,12:85-100.

Westwood E K,Vidmar P J. 1987. Eigenray finding and time-series simulation in a layered-bottom ocean. The Journal of the Acoustical Society of America,81(4):912-924.

Williams K L. 2001. An effective density fluid model for acoustic propagation in sediments derived from Biot theory. The Journal of the Acoustical Society of America,110:2956-2963.

Williams K L,Jackson D R. 1998. Bistatic bottom scattering:Model,experiments,and model/data comparison. The Journal of the Acoustical Society of America,103(1):169.

Williams K L,Grochocinski J M,Jackson D R. 2001. Interface scattering by poroelastic seafloors:first-order theory. The Journal of the Acoustical Society of America,110(6):2956-2963.

Williams K L,Jackson D R,Thorsos E I,et al. 2002a. Comparison of sound speed and attenuation measured in a sandy sediment to predictions based on the Biot theory of porous media. IEEE Journal of Oceanic Engineering,27(3):413-428.

Williams K L, Jackson D R, Thorsos E I, et al. 2002b. Acoustic backscattering experiments in a well characterized sand sediments: Data/Model comparisons using sediment fluid and biot models. IEEE Journal of Oceanic Engineering, 27(3):376-387.

Williams K L, Jackson D R, Tang D J, et al. 2009. Acoustic backscattering from a sand and a sand/mud environment: experiments and data/model comparisons. IEEE Journal of Oceanic Engineering, 34(4):388-398.

Winokur R S, Chanesman S. 1966. A pulse method for sound measurement in cored ocean bottom sediments. Informal manuscript IM No. 66-5, U. S. Naval Oceanographic Office, Washington, DC.

Wong H K, Chestermax W D. 1968. Bottom backscattering near grazing incidence in shallow water. The Journal of the Acoustical Society of America, 44(6):1713-1718.

Wood A B, Weston D E. 1964. The propagation of sound in mud. Acoustica, 14:156-162.

Yang J, Tang D J. 2017. Direct Measurements of Sediment Sound Speed and Attenuation in the Frequency Band of 2-8kHz at the Target and Reverberation Experiment Site. IEEE Journal of Oceanic Engineering, 42 (4): 1102-1110.

Yang J, Tang D J, Williams K L. 2008. Direct measurement of sediment sound speed in Shallow Water06. The Journal of the Acoustical Society of America, 124:116-121.

Yu S Q, Liu B H, Yu K B, et al. 2018. Measurements of midfrequency acoustic backscattering from a sandy bottom in the South Yellow Sea of China. IEEE Journal of Oceanic Engineering, 43(4):1179-1186.

Yu K B, Yu S Q, Liu B H, et al. 2019. A method for calculating bottom backscattering strength using omnidirectional projector and omnidirectional hydrophone. Journal of Ocean University of China, 18 (2): 358-364.

Zhang R H, Li F H, Luo W Y. 1998. Effects of source position and frequency on geoacoutic inversion. Journal of Computational Acoustics, 6(1&2):245-255.

Zheng J W, Liu B H, Kan G M, et al. 2016. The sound velocity and bulk properties of sediments in the Bohai Sea and the Yellow Sea of China. Acta Oceanologica Sinica, 35(7):76-86.

Zimmer M A, Bibee L D, Richardson M D. 2010. Measurement of the frequency dependence of the sound speed and attenuation of seafloor sands from 1 to 400kHz. IEEE Journal of Oceanic Engineering, 35(3):538-557.